中国物流技术协会推荐教材
面向“十三五”物流专业工学结合规划系列教材

物流包装实务

人类进入21世纪后，以新型流通方式为代表的连锁经营、物流配送、物流包装等产业发展迅速
加之经济全球化趋势明显增强，给世界各国经济发展带来了前所未有的机遇
被誉为“第三利润源泉”的现代物流产业，在国民经济建设与社会发展中发挥着愈来愈重要的作用

WULIU BAOZHUANG SHIWU

主　编　韦胜强
副主编　倪晓娟
　　　　康　莹

中国商业出版社

图书在版编目(CIP)数据

物流包装实务/韦胜强主编. —北京:中国商业出版社, 2016.4

ISBN 978-7-5044-5976-3

Ⅰ.物… Ⅱ.韦… Ⅲ.物流-包装技术-高等学校-教材 Ⅳ.F252 TB48

中国版本图书馆CIP数据核字(2007)第123910号

责任编辑:许延平

中国商业出版社出版发行

(北京广安门内报国寺1号 邮编:100053)

新华书店总店北京发行所经销

北京航天伟业印刷有限公司印刷

787×960毫米 开本:1/16 印张:11 字数:250千字

2016年4第1版 2016年4月第1次印刷

定价:30.00元

* *

(如有印装质量问题可更换)

序

当前，物流不仅在我国，就是在世界范围也已经成了经济活动的热点！因为随着市场国际化、采购全球化，生产布局也随市场采购一道全球化了，这就大大地加长了供应链。而电子信息网络技术的发展，已把供应链加长对商流、信息流和资金流造成的不利影响解决掉了，从而使物流的效率对整个生产与营销成本的影响凸显出来，引起了大家的关注。中国已成为世界的加工厂，其物流需求极大，在国内物流企业快速发展的同时国外的物流企业也纷纷进入中国，物流市场竞争极为激烈，这就更加剧了我国物流人才短缺的状况。所以各院校纷纷设立物流专业，以满足市场对物流人才的迫切需求。在解决需求方面高端的如研究生、本科生等参与的单位很多，但在高职、中专方面关心的就少多了。这主要是由于人们对物流人才市场缺乏了解，加上我国的学生与家长们望子成龙的心太迫切，殊不知人才的需求也是综合的，犹如一架机器上的各个部件一样，是缺一不可的。为什么有些产品我们都喜欢原装的？这不是输入到中国的零部件有问题，主要是我们的操作人员在领会设计意图，理解操作规范和实际动手装配上，较之国外的企业有较大的差距。为此，国家教育部特别强调在大、中专学生培养中一定要加强实操能力的培养与训练。在重视高层物流经营与管理人才培养的同时，也要特别关心物流职业技术教育，培养和造就一大批有一定的基础理论知识，又了解物流第一线生产实际状况，并具备岗位实操能力的物流人才。

为解决上述问题，中国物流技术协会与全国职业教育教学培训委员会商贸专业委员会合作进行了物流专业教师物流实践知识的培训，在海尔、昆船、红河、北京西南物流中心等国内著名企业现场进行物流生产知识的讲授和参观、考察与研讨，丰富教师的物流生产实践知识；考察中教师们还对生产线进行了拍照和录相，带回学校作为课堂教学的素材，配合课堂讲解增强学生们对物流生产的感观认知度。在此基础上我们又做了大量的调研，分析了教学方面对教材的质量与专业性的要求，在兰州召开了“现代物流职业教育教材”编写研讨会，提出编写一套物流管理与实训相结合的系列教材。该系列教材共有 14 本，既系统地涵盖了目前物流专业教育的教学内容，又有针对性地培养学生的职业技能。

本系列教材在突出实用性技能的同时，也编进了一定量的物流领域新知识、新技术和新概念。除了可作学校教学使用外，也可作为企业人才培训和物流从业人员自我提高的辅导材料。

中国物流技术协会 牟惟仲

前　言

人类进入21世纪后，以新型流通方式为代表的连锁经营、物流配送、电子商务等产业发展迅速，加之经济全球化趋势明显增强，给世界各国经济发展带来了前所未有的机遇。被誉为“第三利润源泉”的现代物流产业，在国民经济建设与社会发展中发挥着愈来愈重要的作用。在原材料、设备、劳动力、成本的压缩空间趋于零后，对成本的控制将转为物流领域，因此，发展现代物流产业对优化资源配置、降低生产成本、提高经济效益，从而增强市场竞争力具有十分重要的意义。物流产业的发展，将成为衡量一个国家现代化程度和综合国力的重要标志之一，它又被称为经济发展的“加速器”。

我国加入WTO以后，物流业是最先对外开放的行业之一，要实现物流一体化、发展第三方物流、与国际物流企业竞争，已引起各级政府部门和众多国内大企业的重视，如海尔公司、一汽大众公司等，率先组建自己的物流公司。但是由于我国对物流研究相对滞后，物流技术水平相对落后，使得培养出的人才参差不齐，与国外物流产业人才相比，主要体现在人员素质以及物流知识和技能与实践脱节，很难满足社会对物流人才的要求。在加强高层次物流经营与管理人才培养的同时，最好大力发展物流职业技术教育，培养和造就大批物流生产第一线技术操作和运作管理的应用型人才。

从总体上看，我国物流职业教育方面刚刚起步，还没有真正形成一个较完整的职业教育体系，在课程设置、教材选取、培养方向等方面缺乏规范性。物流业既是一个跨行业、跨部门的复合产业，又具有劳动密集型和技术密集型相结合的特征。在此情况下，由全国职业教育教学培训委员会商贸专业委员会组织编写了这套教材，该系列教材将有针对性地来培养学生的职业技能，精练理论，并突出实用性技能，充分体现物流领域的新知识、新技术、新思想和新方法。

“现代物流管理”系列教材共14本，由经济管理出版社和中国商业出版社分别出版。物流包装实务是物流专业的主要课程之一。本书根据现代物流发展的趋势和最新的研究成果编写而成，共分7章，系统介绍了物流包装概论、绿色包装、物品在流通中的质量变化、包装材料与选用、物流包装技术、物流包装的合理化与现代化、物流包装管理等。

本书的主要特点如下：

1. 系统性和实用性。根据专业知识体系进行编写，按照物流企业的实际需要，特别注重学生技能的培训，理论体系有系统性，知识结构体现实用、够用和管用。

2. 职业性和复合性。职业院校培养目标定位在物流企业或者相关企业的生产一线劳动者，所以在编写本教材的过程中，以基本知识和实际操作技能为主线，以增强学生的就业能力和职业能力。

3. 先进性和可读性。一方面，我们尽可能吸收国内外现代物流包装的先进理念和科技成果，使学生受到启发和得到提高；另一方面，根据学生知识水平和年龄实际，尽量做到深入浅出、通俗易懂、图文并茂，增强可读性，吸引学生的学习兴趣。

本书由广西工商职业技术学院韦胜强任主编，天津市第二商业学校倪晓娟、北京商务科技学校康莹任副主编。其中，第一章、第二章、第三章由韦胜强编写，第四章、第五章由倪晓娟编写，第六章、第七章由康莹编写，韦胜强总纂。

本书可作为中、高职业院校现代物流管理及相关专业的教材，也可用于企业培训教材和物流从业人员自学参考。

在编写过程中，我们参阅、引用了国内外有关物流学科的论著和资料，在此一并表示衷心的感谢。由于时间仓促和作者水平、学识有限，书中难免存在一些疏漏和不足，恳请读者批评、指正。

现代物流管理系列教材编审委员会

2016 年 4 月

目 录

第 1 章　绪论 ………………………………………………………………………………（1）
第一节　包装的起源与发展 ……………………………………………………（2）
第二节　包装的定义和分类 ……………………………………………………（4）
第三节　包装在物流过程中的作用与地位 ……………………………………（8）
第四节　物流包装的特性与标志及合理化 ……………………………………（11）

第 2 章　绿色包装 ………………………………………………………………………（32）
第一节　绿色包装概述 ……………………………………………………………（33）
第二节　包装资源的合理利用 ……………………………………………………（42）
第三节　物流包装废弃物的管理 …………………………………………………（45）
第四节　包装废弃物的回收处理及综合利用技术 ………………………………（48）
第五节　物流包装废弃物的综合治理及我国发展绿色包装的对策 ……（（52）

第 3 章　物品在流通中的质量变化 ……………………………………………………（60）
第一节　商品的物理变化 …………………………………………………………（61）
第二节　物品的化学变化 …………………………………………………………（62）
第三节　商品的生理生化变化 ……………………………………………………（64）
第四节　影响物品质量变化的主要因素 …………………………………………（65）

第 4 章　包装材料的选用 ………………………………………………………………（73）
第一节　纸和纸板包装材料 ………………………………………………………（74）
第二节　塑料包装材料 ……………………………………………………………（81）
第三节　木质包装材料 ……………………………………………………………（87）
第四节　金属包装材料 ……………………………………………………………（89）
第五节　玻璃、陶瓷包装材料 ………………………………………………………（92）
第六节　包装辅助材料 ……………………………………………………………（94）

第5章　物流包装技术 …………………………………………… (98)
第一节　防霉与无菌包装技术 …………………………………… (99)
第二节　防氧与防虫包装技术 …………………………………… (103)
第三节　防潮与防锈包装技术 …………………………………… (106)
第四节　防震包装技术 …………………………………………… (113)
第五节　收缩与拉伸包装技术 …………………………………… (116)
第六节　集合包装技术 …………………………………………… (121)
第七节　危险品包装 ……………………………………………… (126)

第6章　物流包装合理化与现代化 ………………………………… (129)
第一节　物流包装的标准化 ……………………………………… (130)
第二节　物流包装的合理化及优化 ……………………………… (136)
第三节　物流包装现代化的发展趋势 …………………………… (139)

第7章　物流包装的管理 …………………………………………… (144)
第一节　物流包装容器的管理 …………………………………… (145)
第二节　物流包装设备的管理 …………………………………… (150)
第三节　物流包装成本的管理 …………………………………… (160)
第四节　物流包装的质量管理 …………………………………… (163)

参考文献 …………………………………………………………… (168)

◆————第1章 绪论

●本章主要内容

★包装的起源与发展

原始包装和古代包装、近代包装、现代包装。

★包装的定义和分类

包装的定义,包装的分类。

★包装在物流过程中的作用与地位

包装在物流中的地位,包装在物流中的作用,包装在物流中的功能。

★物流包装的特性与标志及合理化

物流包装的特性,物流包装的标记,物流包装的标志,物流包装标记和标志设计的基本原则,物流包装合理化体。

---

*

1915年的巴拿马国际博览会上,我国名酒——茅台酒,因为包装粗糙,造型不雅,使外国人瞧不起,没能进入预选行列。在这"紧要"关头,我国参展的一商人急中生智,"不慎"将一瓶茅台酒打碎在地,顿时香气四溢,吸引了所有的人,征服了评审官的心,才使茅台酒"金榜提名"、"笑傲国际市场"。这则故事说明,当时的"茅台人"缺乏商品的整体概念,只重视了商品的内在质量,而忽略了商品的外在质量。它告诉我们,在现代市场营销中,要内在质量和外在质量一起抓,做到"好马要配金鞍",好商品一定要有好包装。如果仍坚持"只要商品质量好,就一定有销路"的老观念,仍坚持"金玉其中,败絮其外"的做法,其结果必然是重蹈茅台酒之覆辙。近年来,由于过去我国的企业对包装不够重视,包装技术落后,每年给国家造成的损失数以百亿计。根据中国包装技术协会的统计,我国每年因包装不善造成的经济损失在150亿元以上,其中70%是由运输包装造成的。如水泥的破包率为15%~20%,每年损失300万吨;玻璃的破损率平均为20%,每年损失达4.5亿元。另据外贸部门的统计,由于出口商品包装落后,每年使国家至少减少10%的外汇收入。

从以上例子我们知道了包装的重要性,特别是现代物流不断发展的今天,包装有着非常重要的地位和作用。那么,什么是物流包装?包装分类有哪些?包装在物流中的地位和作用表现在什么方面？本章对这些问题将作具体的阐述。

包装是一门既古老而又现代的技术，它伴随人类一起产生和发展。随着人类社会和劳动生产力的不断进步，出现了剩余产品，劳动交换和商品的产生，包装才开始逐步成为商品的组成部分，而且在商品生产和商品交换中起着越来越重要的作用。到了近代和现代，物流伴随社会生产和科学技术的进步而快速发展，包装更为复杂、更为科学，已经成为人类生存与活动不可分割的一项物流活动。

第一节　包装的起源与发展

包装是人类生活与生产物资交流中不可缺少的技术手段。包装伴随人类的进化、随着生产力的提高、科学技术的进步和文化艺术的发展，经历了漫长的发展过程。包装发展的历史，大致可分为原始包装的萌芽、古代包装、近代包装和现代包装四个基本阶段。

一、原始包装和古代包装

（一）原始包装

在旧石器时代，原始人的生产能力十分低下，他们是靠双手和简单劳动工具采集野生果实、捕鱼和打猎维持生活。由于环境险恶，生产艰难，收获甚少，不得不共同劳动，平均分配。但食物和饮水需要容器盛装，以便转移、分发和食用。这就是包装思想萌发的动因。就是说，包装的起源，是来自原始人便于容纳和转移生活资料的需要。

原始包装的目的是保护、储存和移动其食品和物品。其特征：用柔软的茎条进行捆扎，使用现成的叶子、果壳、葫芦、竹筒、兽皮、贝壳、龟壳等盛装转移食物和饮水。

（二）古代包装阶段

这一阶段纵跨原始社会后期、奴隶社会和封建社会。在这一时期，由于生产力水平的提高，产品剩余越来越多，交易活动发展起来。各种产品不仅需要就地盛装，就近转移，还需要经过包装捆扎送往远方的集市。距今8000年前，古代埃及就开始使用玻璃制成瓶、缸、罐等容器装粮、水、酒等生活用品。距今4500年前，中国原始社会后期，我们的先民就开始采用陶瓷作为包装容器，并对包装容器进行了工艺装饰，不仅有保护商品的功能，而且具有较高的审美价值，在包装技术方面出现了密封、防腐、防潮、防虫、防震等技术。

二、近代包装

（一）近代包装的社会条件

工业革命和资本主义生产关系的建立，推动了包装技术的快速发展。16、17世纪以来，资本主义在英国得以发展，17世纪开始了资产阶级革命，为资本主义生产关系和工业革命扫清了道路。18世纪60年代，第一次工业革命在英国纺织工业首先开始，19世纪40年代以蒸汽机的使用为标志得以完成，大机器生产取代了工场手工业，英国因此成为“世界工场”。19世纪晚期，科学技术迅猛发展，新技术、新发明层出不穷，并被迅速应用于工业生产，大大促进了经济的发展。在德国等主要资本主义国家，出现了以电力为标志的第二次工业革命。在第二次工业革命的影响下，资本主义经济开始发生重大的变化。从此，资本主义经济进入了快速发展的轨道,生产和资本的高度集中,商品生产和商品交换日益增多,物流在经济交往中占有越来越重要的地位。商品和包装开始进入了一个全新的发展阶段。

(二)近代包装的特点:

1. 技术创新和生产成本的下降,包装材料的数量和质量大幅度增加。2000多年前中国发明了造纸技术,并传到日本和欧美,但是由于造价昂贵,很少用于商品包装。到了1870年以后,折叠纸盒及瓦楞纸箱开始用于物品包装。17世纪开始利用石灰石作为防潮包装的吸湿剂,18世纪出现了各种类型的瓶塞和瓶盖。由于包装材料的增加,包装技术的进步,大大推动了工业和物流业的发展。

2. 包装与商品生产、物流关系更为密切,它们相互促进,共同发展。1871年美国研制成功高压锅,为罐头食品生产创造了有利条件,同年法国制成氨气制冷机,开创了易腐货物的冷藏包装和运输。

3. 包装开始成为商品促销的重要手段。古代商品包装的主要功能是保护商品,到了近代,人们开始利用包装图文标记向顾客介绍商品、宣传商品及其商品信息传递,包装开始向美化和多元化发展,更为生动活泼、引人注目。

三、现代包装

进入20世纪以后,随着社会生产力和科学技术迅猛发展,商品生产和商品流通进入了一个全新的发展阶段,包装材料更为丰富,包装技术更为先进,包装手段更为科学,包装理念更为人性化,包装体系更为完善。这种现代化的包装与传统意义上的包装,有着本质的区别,具有鲜明的特点,主要表现在以下几个方面:

(一)新的包装材料层出不穷

科学技术的进步,使新的包装材料不断涌现。1908年瑞士成功研制出热固性酚醛塑料,20世纪20年代美国先后研究成功并投入生产了苯甲醛塑料、醋酸纤维透明塑料、聚苯乙烯塑料、脲醛塑料和聚氯乙稀塑料等;30年代,英国发明了低密度聚乙烯,开始生产氯化胶薄膜和聚酰胺塑料,法国开始使用收缩塑料薄膜包装食品,美国研制出可以长期保存食品的聚偏二氯乙烯塑料和用途广泛的聚胺酯塑料。到了40年代,欧美国家开始生产和使用涂蜡防潮玻璃纸、氟化塑料、聚苯乙烯泡沫塑料、丙酸纤维素、环氧树脂、ABS塑料和聚三氟氯乙烯塑料等包装材料。50年代又研制成功了聚碳酸酯塑料、高密度聚乙烯、聚丙烯、定向拉伸薄膜、涂布聚丙烯薄膜、复合薄膜等。60年代研制成功合成纸、异分同晶聚合物、聚矾塑料等包装材料。70年代无菌和脱氧技术研究成功。80年代用电解法研制成铝箔为制造多种复合材料创造了条件。90年代研制成功了可降解和可食用的有机塑料薄膜包装材料。

(二)包装技术不断创新

20世纪利用新的包装材料开发出各种各样的包装容器,例如开发出双面衬纸的瓦楞纸板箱等。无菌包装、换气包装、脱氧包装、复合材料包装、代木包装、绿色包装等,还开发出自热和自冷罐头,还出现了托盘、集装箱等集合包装。

(三)包装设计进一步完善

首先,建立了包装定位设计理论。这种理论建立在以人们的需求为核心,以市场销售为出发点,使包装满足各种层次的需要,达到最佳经济效益和社会效益,使包装技术、艺术和经济三个不同的范畴的内容在包装体内形成统一体，即包装技术的实效性、包装艺术的创造性和包装经济的合理性，使包装更为合理、更具人性化。

其次，设计人员与计算机和软件设计结合更为紧密。包装设计人员可以通过计算机和软件，对所需信息如包装色块、图案图形、标志选材、工艺路线、设备功能等进行科学而合理的组合，使包装设计更加科学、更加合理、更加生动活泼。同时，可以减轻包装设计人员的劳动强度，提高工作效率，缩短包装设计周期，降低包装设计成本。

再次，包装新材料的广泛使用，极大地丰富了包装设计的想像空间，可以使包装设计更有表现力。

(四)包装机械及印刷技术全面发展

首先，20 世纪包装机械向多样化、标准化、高速化和自动化的方向发展。特别是近年来各种高新技术、新机械、新的控制方法不断得到应用。包装机械(包括纸箱机械)的技术特征趋于“三高”，即高速、高效、高质量。这些机械节能降耗，质量和性能可靠，控制水平先进，稳定性好，自重轻，结构紧凑，占地空间小，噪音低，效率高，外观造型适应环境和操作人员心理要求，有利环保等。新技术、新工艺、新的机械部件结构(如锥形同步齿形带传动等)，新材料的广泛应用，使得许多包装机械已趋于智能化。

其次，包装印刷技术和手段更为先进和科学。包装印刷技术正在朝印刷技术电子化、印刷材料多样化、印刷设备联动化、印刷质量高档化、印刷技术合理化的方向发展。例如，印刷技术电子化后，印刷速度大大加快，过去用一天时间排版印刷，现在十几分钟就可以完成了。包装印刷品也由过去的单色向多色方向发展，而且运输包装的印刷逐步采用销售包装的印刷方式进行，即运输包装与销售包装的印刷趋于一体化——均走向多色化印刷。在印刷技术中，平版印刷、凸版印刷、凹版印刷、丝网印刷、特种印刷等技术相互补充，相互促进。

(五)包装测试手段更为先进

包装测试手段是监督保证包装研究、包装设计、包装生产、包装性能和包装质量的重要手段。包装测试技术广泛应用的传感、交换、测定、纪录、显示、结果分析和处理装置的现代化越来越高，使包装检验更快捷、更方便、资料更精确，包装管理和监督等方面的工作提升到一个新的水平。

第二节　包装的定义和分类

一、包装的定义

关于包装的定义，具有历史性和阶段性，它是一个不断发展变化的概念。包装是人类社会智能的结晶，它是从人类考虑如何保护、储存、运送食物开始出现的。我们的祖先为了保存、运送食物，常常将食物放在树叶、树藤做的篮子里或者瓦罐内。当时包装的目的就是为了保护、储存和运送食物。随着生产力的不断提高，出现了商品生产和商品交换，商品流通要求包装具有方便运输和识别商品的功能。到了现代社会，由于商品的多样化以及超级市场的出现，物流的地位越来越重要，这就把包装推向一个更高的阶段，赋予包装新的使命，包装已自成体系，并增加了销售的手段。

包装是指为在流通过程中保护产品、方便运输、促进销售，按一定技术方法而采用的容器、材料及辅助物等的总体名称。也指为了达到上述目的而采用的容器、材料和辅助物的过程中施加一定技术方法等操作活动。它是将物流需要、加工制造、市场营销、产品设计要求以及绿色包装结合在一起考虑的文化体现形式。它的主要目的在物流运输阶段保护物流商品,包括防震保护技术、防破损保护技术、防锈包装技术、防霉腐包装技术、防虫包装技术,危险品包装技术、特种包装技术等。包装目的是通过包装技术,管理和组织程度水平的提高,实现绿色包装。

由此定义可见,产品要进入流通领域,即成为商品,必须经过包装。可见,包装已经成为商品不可缺少的组成部分,是商品的脸面和外衣,商品通过包装展示其个性和风貌。可见,包装有两个含义:一个是在包装商品使用的物料,包括包装采用的容器、材料及辅助物;另一个是指包装商品时的操作过程,包括包装方法、包装工艺和包装技术。所以我们说,包装既包括包装容器,又包括包装技术和方法,是二者统一体。

二、包装的分类

(一)包装分类的目的

随着生产力度不断提高,科学技术的快速发展,社会商品越来越丰富,商品的包装也越来越多元化和复杂化,为了便于生产和消费,我们必须对包装进行大致的分类。其目的在于:

1. 便于生产和管理

我们运用科学的方法对包装进行分类后,就可以把包装归类到不同的门类,管理部门就可以按照不同门类的需要进行分类管理、市场调查、信息管理、销售、开发新产品等等,也便于采用先进的电子计算机进行管理。例如,食品药品行政管理部门,可以根据食品药品的包装要求进行监督检查,查处违反包装要求的食品药品。

2. 便于消费者选购不同商品

现代商品经济社会是以消费者为中心,强调"以人为本"的管理理念,消费者是物流的终点,所有生产活动的最终目的是满足消费者的需求。我们把包装分为不同的门类,一个重要的目的就是让消费者从包装上了解商品、选择商品、使用商品,为消费者提供更好的服务。

3. 便于制定各种政策

每个行业都有自己的特殊性,都有自己的行规和标准要求。对不同部门、不同行业实施不同的管理办法和政策,这是管理的一个基本原则。这些相应的管理办法和政策是建立在科学分类的基础上的。例如,运输包装偏重于保护功能,销售包装偏重于促销功能,食品包装偏重于卫生功能,缓冲包装偏重于防振功能等。包装分类科学合理了,制定出来的管理办法和相关政策就有了科学依据,同时也便于这些管理办法和政策的有效实施。

4. 便于分工和合作

包装是一类较大又非常复杂的集合体,需要各部门甚至各行业的分工协作。我们对包装进行分类,有利于按门类进行分工。例如,出口商品包装,我们除开按照国际惯例和食品包装要求进行包装外,我们还要考虑运输条件、销售地的消费习惯、风土人情和法律法规。只有这样,包装才能适应出口商品的需要。通过分类管理,可以集中人力、物力、财力进行强化管理,降低包装生产成本。同时也有利于不同包装行业间的协作配合,促进各行业各部门的协调发展。

5. 便于区分不同包装

对包装进行科学分类,各个门类的包装就有了明确的标准和清晰的界限,各包装之间会呈现出明显的区别，就使人们对各种不同包装的归属有一个清晰的概念，有助于包装教育、包装研究、包装交流工作的开展。

（二）包装的分类

现代包装种类很多，包装分类的角度又各不相同，形成了多样化的分类方法。在这里我们主要介绍几种常用的分类方法。

1. 按包装在商品流通中的作用分类

按包装在商品流通过程中的作用，可以把包装分为运输包装和销售包装两大类。这是最常见的划分方法。

（1）运输包装

运输包装又称作工业包装、大包装。运输包装是满足运输储存要求为主要目的的包装，它具有保障商品安全，方便储运装卸，加快交接和检验的作用。它包括铁路运输包装、公路运输包装、船舶运输包装、航空运输包装等四大类。运输包装一般不直接接触商品，而是由许多小包装集装而成，通常不随着同商品出售给消费者。

（2）销售包装

销售包装又称作商业包装、小包装，销售包装就是直接接触商品，并随商品进入零售网点和消费者或者客户直接见面的包装。销售包装与商品直接接触，主要以满足销售需要为目的，起着保护、美化宣传商品，促进销售和方便使用等作用。销售包装通常随同商品一起出售给消费者，是消费者挑选商品时认识商品、了解商品的一个依据，对商品起着有效的促销作用。随着消费的发展，近年来有不少商品包装既是运输包装，又是销售包装，两者兼之。这类包装，应首先满足运输包装的功能要求，然后再扩展销售包装的功能要求。

2. 按包装形态层次分类

按包装形态层次分类，我们可以把包装分为个包装、内包装和外包装。

（1）个包装

个包装是单个商品用一个包装，它是直接盛装和保护商品的最基本的包装形式。个包装的标志、图案和文字说明起到指导消费，便于流通的作用。

（2）内包装

内包装是个包装的组合形式，它是由一定数量的个包装商品，如：十个或十二个（一打）商品组成一个包装。内包装在流通过程中起保护商品，简化计量和方便销售的作用。这种包装应考虑方便于零售店的展销。

（3）外包装

外包装有时一般称为运输包装，它是商品的外层包装，起到保护商品，简化物流环节的作用。

3. 按包装容器分类

（1）按照包装容器的变形能力可以分为：软包装（如软塑、纸包装）和硬包装（如玻璃、金属、硬塑、纸板等包装）；

（2）按照包装容器的形状可以分为：包装袋、包装箱、包装盒、包装瓶、包装罐、包装桶、包装筐等；

（3）按照包装容器的结构形式可以分为：固定式包装、折叠式包装、拆解式包装、可携带包装、可挂式包装、开窗包装等；

(4)按照包装容器使用的次数可以分为:一次性使用包装、多次使用包装、固定周转使用包装。

4. 按照包装的使用范围分类

(1)专业包装

专业包装是针对被包装物品的特点专门设计、专门制造,只适用某一专门物品的包装。如散装水泥罐。

(2)通用包装

通用包装是根据标准系列尺寸制造的包装容器,用于无特殊要求的或者符合标准尺寸的物品。如集装箱。

5. 按照包装材料分类

按照包装材料进行分类,是研究包装材料的主要分类方法。一般可以分为纸包装、塑料包装、金属包装、玻璃和陶瓷包装、木材包装、纤维包装和复合材料包装等。

(1)纸包装

纸包装是以纸和纸板为原料制成的包装。它包括纸箱、纸盒、纸袋、纸桶、纸罐等。

(2)塑料包装

塑料包装是以塑料为原料制成的包装。它包括全塑箱、钙塑箱、塑料管、塑料桶、塑料罐、塑料瓶、塑料袋等。

(3)金属包装

金属包装是以钢铁、铝板和铝箔等金属为材料制成的包装。它包括铁盒、铁桶、铁罐、钢桶、钢筒、铝盒、铝罐、金属软管等。

(4)玻璃与陶瓷包装

玻璃与陶瓷包装是以玻璃、陶瓷为原料制成的包装。它包括玻璃瓶、玻璃罐、玻璃壶、玻璃缸、玻璃管、陶瓷瓶、陶瓷缸、陶瓷坛、陶瓷壶等。

(5)木质包装

木质包装是以木材、木材制品和人造木材板材制成的包装。它包括木箱、木桶、木盒等。

(6)纤维织品包装

纤维织品包装是以天然纤维和人造纤维织品制成的包装。它包括麻袋、布袋、布包、编织袋等。

(7)复合包装

复合包装是用两种或两种以上材料粘合制成的包装。复合材料主要有纸/塑、纸/铝/塑、塑/铝/塑等。如利乐包、手挽袋、茶叶袋等。

(8)其他包装材料

其他包装材料主要指竹类、藤类、草类等编织物包装,如筐、篓、包、袋等。

6. 按包装商品分类

按包装商品分类可分为:建材商品包装、农副水产品商品包装、食品和饮料商品包装、轻工日用商品包装、纺织品和服装商品包装、化工商品包装、医药商品包装、机电商品包装、电子商品包装、兵器包装等,这是一种商业、物资等行业常用的分类方法。

7. 按照包装技术方法分类

根据包装技术方法可分为充气包装、无菌包装、真空包装、条形包装、防水包装、防震包装、防尘包装、防爆包装、防燃包装、保鲜包装、防虫包装、防湿包装、泡罩与体贴包装、收缩与拉伸包装、速冷速热包装等等。

第三节 包装在物流过程中的作用与地位

一、包装在物流中的地位

在社会再生产过程中,包装处于生产过程的末尾和物流过程的开头,既是生产的终点,又是物流的始点。作为生产的终点,它是整个生产过程中最后一道工序,标志着生产过程的完成,包装必须根据产品的性质、形状和生产工具进行,必须满足生产和消费的要求。作为物流的始点,包装完成后便具有物流的能力,在整个物流过程中,包装便可以发挥对产品的保护作用。

在现代物流观念形成以前,包装被天经地义地看成生产的终点。因而一直是生产领域的活动,包装的设计往往主要从生产终结的要求出发,因而常常不能满足物流的要求。现代物流的研究认为,包装与物流的关系,比之与生产的关系要密切得多,其作为物流始点的意义比之作为生产终点的意义要大得多。因此,包装应进入物流系统之中,这是现代物流的一个新观念。

二、包装在物流中的作用

(一)对产品起防护性作用

包装最根本的目的就是给产品以保护和防护。产品防护性指的是产品本身强度、刚度和包装抗损性以及由于流通环境中产生外界载荷之间相互的影响等。产品防护性可以通过合理的包装来实现,根据运输、搬运、仓储的手段、条件,考虑物流的时间和环境,根据产品的特性和保护要求而选择合理的包装材料、包装技术、缓冲设计、包装结构、尺寸、规格等要素,才能实现物流中的首要任务——将产品完好无损地实现物理转移。

(二)有利于物流信息管理的合理性和物流网络的控制性

物流信息管理是现代物流标准化的关键和核心,信息是物流网络控制的根本依据和决策依据,只有在掌握了物流系统中全面、及时、准确的信息后,才能保证物流网络的可控性。而产品的各种信息都会在产品的各种包装上得以反映和体现。所以在不同层次的包装上应该设置哪些标签、标记、代码和其他相关信息,对于物流信息管理、整个物流供应链管理乃至整个物流系统的管理都是至关重要的。

(三)有利实现物流组织管理的有序性

物流组织的管理不是单纯的人事、信息、财务管理等,支撑这些管理内容的是重要的技术管理。对于物流系统来说,更具体地讲,对于物流供应链的技术管理,最主要的内容就是完成在供应链中各类与包装有关的技术管理。只有在包装基本的物质在有序、可控地流动,才能实现整个物流组织管理的有序性。

(四)可以节约物流成本

由于物流系统中的所有环节均与包装有关,所以包装对于物流成本的控制则显得至关重要。比如采用纸箱、托盘加集装箱的方式则可以改变原有的木箱包装而节省运输成本;采用现代化的叉车搬运而非人工搬运则可以省去单元小包装造成的高人工费和产品损伤;有效地设计包装容器的堆码层高,可以很好地提高仓库的利用率而节省费用;合理的包装减少破损;合理的包装尺寸和规格提高运输容积率;及时、全面、准确的信息保证物流供应链的畅通等,都可以确保包装在各个环节帮助和实现物流成本的有效降低。

(五)可以提高物流整体运营的综合效率性

通过包装,将物流链乃至物流系统中的各个环节有机、高效、系统地组合成一个产生综合效率性的整体。同时注意各个物流环节与包装的密切关系,则可以在整体运营中取得先机。对于越来越多的走向国际市场的企业来说,注意与国际物流及包装法规、标准的接轨,是实现国际化运营的根本保证。

三、包装在物流中的功能

在现代商品经济社会里,绝大多数产品都需要经过包装成为商品,才能进入流通领域。商品是为消费者生产的,所以在着手产品设计的时候,必须同时考虑包装设计。从广义上说,没有包装的商品是不存在的。可见,包装是商品生产的必要条件,没有包装就不能完成商品生产任务。

包装是生产的继续,是对产品施加的最后一道工序。对绝大多数产品来说,只有进行了包装,产生过程才算完成。一个商品,从原材料加工,制成产品,到市场上作为商品销售,一般要经过两个领域:生产领域和流通领域,最后才到消费者手中。在整个转化过程中,包装起着重要的作用,发挥其特殊功能。包装在物流中的功能主要有:保护商品;便于运输、保管和装卸搬运;促进商品销售;方便消费;传递信息;创造形象。

(一)保护商品的功能

保护商品是包装的最主要的功能,也是在商品包装设计阶段就必须考虑的问题。商品在生产出来后到送至消费者手里,往往会经过反复装卸搬运、多次运输和存放保管。在途的时间长短、保管环境和条件的好坏以及是否发生异常问题等都难以预测和准确把握,如果包装设计不考虑物流的种种环节因素,商品就可能在装卸搬运过程中,受冲击、碰撞,被压、被挤;在运输途中受震动、颠簸,倒斜、倒置;在仓库保管期间,有可能发生变质、发霉、生锈、鼠咬虫食、异味浸入,那样就要影响商品质量,降低商品价值,造成不必要的经济损失。这就要求我们根据商品的特性和运输条件,选择适当的包装材料、包装容器和包装方法,采用一定的包装技术处理,对商品进行包装,以防商品受损,达到保护商品,使它完好无损的达到消费者手中的作用。这种保护功能主要表现在以下几个方面:

1. 防止商品破损变形。商品种物流过程中要承受各种冲击、振动、颠簸、压缩、摩擦等外力的作用,所以包装必须具有一定的强度,实现对商品的保护。

2. 防止商品发生化学变化。通过包装实施隔阻水分、霉菌、溶液、潮气、光线及空气中的有害气体,达到防霉、防腐、防变质、防生锈、防老化等化学变化的目的。

3. 防治有害生物对商品的影响。包装可以隔阻鼠、虫、细菌、白蚁等有害生物对商品的破坏及侵蚀，有效保护商品的安全。

4. 包装还有防止异物混入、污物污染、防止丢失、散失的作用。

(二)包装的便利功能

包装通过单元化，可以把小包装合并成大包装，以适合托盘运输/单元搬运。这样便于装卸搬运、便于保管和运输，可以大大提高物流作业的效率和效果。

1. 便于装卸搬运

商品经过标准化包装，可以使用托盘和叉车等先进机械，这样装卸和搬运就能实现机械化、自动化作业，就能够大大减轻工人的劳动强度，提高工作效率。

2. 便于保管

商品包装实现标准化，规格和尺寸统一，更能适合仓库作业，方便出入库、上下货架，方便摆放、清点统计、验收、倒换和往高堆垛等。另外，货物码在托盘上保管，便能充分利用库容，避免面积和容积的浪费，大大提高物流效益。

3. 便于运输

商品包装销售标准化，其规格、尺寸、形状、重量都与托盘、集装箱、卡车、火车、轮船、飞机等运输用具和工具相吻合，使商品更具有拆解性、组合性、吊装性、拖挂性、稳固性及安全性，可以有效保证运输过程中的装卸和产品质量管理，减轻工人劳动强度，提高工作效率，加快流通速度。

(三)促进销售功能

企业为了扩大销售，占领市场，常常不惜代价搞促销，商品包装是促销的重要手段之一。有人说："包装是不会讲话的推销员"、"精美的包装胜过一千个推销员"。确实，包装物本身就是一个无言的广告。包装的销售功能是通过包装装潢设计来实现的。许多消费者往往出于对包装设计、图案的喜好而购买商品。优秀的包装装潢设计，以精巧的造型、醒目的图案、优美的文字、明快的色彩，直接激发消费者的购买欲望，并导致购买行为。在包装上吸引消费者的注意力，无疑是企业重视的销售的重要手段。

1. 通过包装的形状、结构和造型吸引消费者的注意力，激起消费者的兴趣。

2. 通过商品包装上的文字、图案、色彩刺激消费者的购买欲望。

3. 通过商品包装的外部形态起到宣传、介绍、推销商品的作用。

(四)方便消费功能

商品包装可以根据消费者的需求进行设计，便于消费者购买、取用、保管和收藏。如易拉罐包装、便携式包装、喷雾包装等等。

(五)传递信息功能

通过商品包装的文字说明、图案、色彩、造型等等，消费者可以了解商品的信息，识别不同的商品，使信息得到传递。

(六)树立形象功能

在激烈的市场竞争中，产品和企业形象也是重要的竞争手段。一个好的包装，不仅可以吸引消费者的注意力，而且还可以让消费者了解到本企业的优秀的企业文化，树立商品和企业的形象，提高企业无形资产和市场竞争力。

第四节 物流包装的特性与标志及合理化

一、物流包装的特性

虽然包装的种类很多,但是,从总体上看,我们也可以把物流包装分为单件包装和集合包装。单件包装是货物在物流过程中作为一个计件单位的包装,如包、袋、箱、筒、桶、筐等等。集合包装是将若干单件包装组合成一件大包装,以适应运输、装卸工作现代化的要求,例如集装箱、集装包、集装袋、托盘等等。物流包装的主要特性有下面几个方面:

(一)保护商品的特性

保护商品是物流包装最基本的特性。只有有效保护商品,才能使商品完好无损地完成流通过程,实现所有权的转移。

(二)单元化特性

所谓的单元化特性,就是物流包装将商品以某种单位集中。包装单元的规格要视物资的生产情况,消费情况以及物品种类、特征,还有物流方式和条件而定。一般来讲,包装的单元化主要应达到两个目的:方便物流,包装单位的大小要和装卸、保管、运输条件的能力相适应,应当尽量做到便于集中输送以获得最佳的经济效果,同时又要求能分割及重新组合以适应多种装运条件及分货要求;方便商业交易,包装单位大小应适合于进行交易的批量,在零售商品方面,应适合于消费者的一次性购买。

(三)标志特性

物流包装标志特性是指通过图形、文字、数字、特定记号和说明事项,方便运输、装卸搬运、仓储、检验和交接工作的进行,保证货物安全迅速地运交收货人。物流包装的标志分为运输标志,包括图形文字说明、产地、目的地、件号、体积、重量、收货人等等;指示性标志(又称安全标志);警告标志,包括易爆、易燃、易腐蚀、易放射、易挥发、易氧化、有毒等危险物品的标志,以示警告,注意安全。

(四)便利特性

物流包装的便利特性表现为方便流通和消费,便于物流各个环节的作业,便于商品陈列,便于包装物的生产及再生利用。包装的大小、形状、材料、重量、色彩、标志等等各种元素都要为货物的物流和商流创造有利条件,为包装拆装作业的简便快捷创造条件,同时也为消费者的消费使用创造便利条件。

(五)商品特性

包装的商品特性是指包装已经成为商品价值的组成部分,通过物流包装可以提高商品的价值和商品的形象。

(六)效率特性

物流包装的效率特性表现在通过对货物进行科学规范的包装,便于搬运装卸、运输保管、交易消费,大大提高物流的效率。

(七)促销特性

物流包装的促销特性表现为在消费需求高度化的环境下,物流包装也具有较强的广告效应,能够引起消费者的注意力,刺激消费者的购买欲望,满足消费者的多方面多层次的需求。通过物流包装给消费者带来对商品的好感和满足。

二、物流包装的标记

物流包装标记是根据物品的自身特性,用文字、图形、表格等按有关规定标明的记号,通常要标明物品的名称、数量、质量、规格尺寸、出厂时间等,进口物品还要标明进口单位、商品类别、贸易国及进口港等。物流包装分为以下几类:

(一)基本标记

物流包装的基本标记是用来说明物品实体的基本情况,例如物品名称、规格、型号、计量单位、数量、重量、出厂日期、地址、联系方式等。对于时效性较强的物品还要写明成分、保质期等等。

(二)运输标记

物流包装的运输标记主要标明起运、到达地点、发货单位、收货单位等等。按国际标准化组织(ISO)的建议,包括四项内容;(1)收货人名称的英文缩写或简称;(2)参考号,如订单、发票或运单号码;(3)目的地;(4)件号;例如:ABCCO 收货人名称,SC9750 合同号,LONDON 目的港,No. 4 - 20 件号(顺序号和总件数)。运输标记在国际贸易中还有其特殊的作用。按《公约》规定,在商品特定化以前,风险不转移到买方承担。而商品特定化最常见的有效方式,是在商品外包装上,标明运输标记。此外,国际贸易主要采用的是凭单付款的方式,而主要的出口单据如发票、提单、保险单上,都必须显示出运输标记。商品以集装箱方式运输时,运输标记可被集装箱号码和封口号码取代。对于进口物品,由商务行政管理部门统一编制向国外订货的代号,主要作用是加强保密性,保证物流商品的安全,减少签订合同和运输过程中的翻译工作,减少错发错运的事故。

(三)牌号标记

物流包装的牌号标记一般只标明物品的名称,不提供有关物品的其他信息,印制在包装的显著位置。

(四)等级标记

物流包装的等级标记是用来说明物品质量等级的记号,通常有"一等品"、"优质产品"、"合格产品"、"获奖产品"等字样或相关符号。

三、物流包装的标志

物流包装标志是用文字、符号、图像说明包装物品的特性、物流活动的安全及理货分货和提醒注意事项。物流包装标志主要分为:

(一)识别标志(也称为收发标志)

外包装件上的商品分类图示标志及其他标志和其他的文字说明排列格式的总称为收发货标志。物流包装的识别标志主要有分类标志、供货号、体积、收发货地点、收发货单位、运输号、件数等。

1. 识别标志(收发标志)的具体内容

根据国家有关规定,商品在物流包装上必须标明(如表 1 - 1 所示)具体内容:

表 1 - 1

序号	项目			含 义
	代号	中文	英文	
1	FL	商品分类图示标志	CLASSIFICATION-MARKS	表明商品类别的特定符号。见本标准第 3 章。
2	GH	供货号	CONTRACTNO	供应该批货物的供货清单号码(出口商品用合同号码)
3	HH	货号	ARTNO	商品顺序编号。以便出入库,收发货登记和核定商品价格
4	PG	品名规格	SPECIFICATIONS	商品名称或代号,标明单一商品的规格、型号、尺寸、花色等
5	SL	数量	QUANTITY	包装容器内含商品的数量
6	ZL	重量(毛重)(净重)	GBOSSWTNETWT	包装件的重量(kg)包括毛重和净重
7	CQ	生产日期	DATEOFPRODUC-TION	产品生产的年、月、日
8	CC	生产工厂	MANUFACTURER	生产该产品的工厂名称
9	TJ	体积	VOLUME	包装件的外径尺寸长 × 宽 × 高(cm) = 体积(m^3)
10	XQ	有效期限	TERMOFVAIIDITY	商品有效期至 × 年 × 月
11	SH	收货地点和单位	PLACEOFDESTINA-TIONANDCONSIGNEE	货物到达站、港和某单位(人)收(可用贴签或涂写)
12	FH	发货单位	CONSIGNOR	发货单位(人)
13	YH	运输号码	SHIPPINGNo	运输单号码
14	JS	发运件数	SHIPPINGPIECES	发运的件数
说明		①分类标志一定要有,其他各项合理选用。②外贸出口商品根据国外客户要求,以中、外文对照,印制相应的标志和附加标志。③国内销售的商品包装上不填英文项目。		

2. 商品分类标志

(1)收发标志尺寸(如表 1 – 2 所示)

表 1 – 2

包装件高度(袋按长度)	分类图案尺寸	图形的具体参数		备注
		外框线宽	内框线宽	
500 及以下	50 × 50	1	2	平视距离 5m,包装标志清晰可见
500 ~ 1000	80 × 80	1	2	
1000 以上	100 × 100	1	2	平视距离 10m,包装标志清晰可见

(2)图示标志图形

12 类图形,见图 1 – 1a ~ 图 1 – 1n。

图 1 – 1a

图 1 – 1b

图 1 – 1c

图 1 – Ad

图 1 – 1e

图 1 – 1f R = 8.5mm

图 1 – 1g

图 1 – 1h R = 1cm

图 1 – 1l R = 1.6cm

图 1 – 1l

图 1 – 1m

图 1 – 1n

(3)收发货标志的字体

标志的全部内容,中文都用仿宋体字,代号用汉语拼音大写字母;数码用阿拉伯数码,英文用大写的拉丁文字母。标志必须清晰、醒目,不脱落,不退色。

(4)收发货标志的颜色

纸箱纸袋、塑料袋、钙塑箱,按商品类别以下面规定的颜色用单色印刷(见表 1 – 3):

表1－3

商品类别	颜色	商品类别	颜色
百货类	红色	医药类	红色
文化用品类	红色	食品类	绿色
五金类	黑色	农副产品类	绿色
交电类	黑色	农药	黑色
化工类	黑色	化肥	黑色
针纺类	绿色	机械	黑色

参考色样(见表1－4)：

表1－4

红色	
绿色	
黑色	

麻袋、布袋用绿色或黑色印刷。木箱、木桶不分类别，一律用黑色印刷。铁桶用黑、红、绿、蓝底印白字，灰底印黑字。表内未包括的其他商品，包装标志的颜色按其属性归类。

(5)收发货标志的方式

①印刷

适用于纸箱、纸袋、钙塑箱、塑料袋。在包装容器制造过程中，将需要的项目按图5规定印刷在包装容器上。有些不固定的文字和数字在商品出厂和发运时填写。

②刷写

适用于木箱、桶、麻袋、布袋、塑料编织袋。利用印模、镂模、按规定涂写在包装容器上。要求醒目、牢固。

③粘贴

对于不固定的标志，如收货单位和到达站需要临时确定，所以先将需要的项目印刷在$60g/m^2$以上的白纸或牛皮纸上，然后粘贴在包装件有关栏目内。

④拴挂

对于不便印刷和刷写的运输包装件筐，篓，捆扎件，将需要的项目印刷在不低于$120g/m^2$的牛皮纸或布、塑料薄膜、金属片上，拴挂包装件上(不得用于出口商品包装)。

(6)标志位置

①六面体包装件的分类图示标志位置，按GB3538－83《运输包装件各部位的标志方法》标志部位，放在包装件5、6两面的左上角。收发货标志的其他各项，见图1－2,1－3;1－4,1－5。

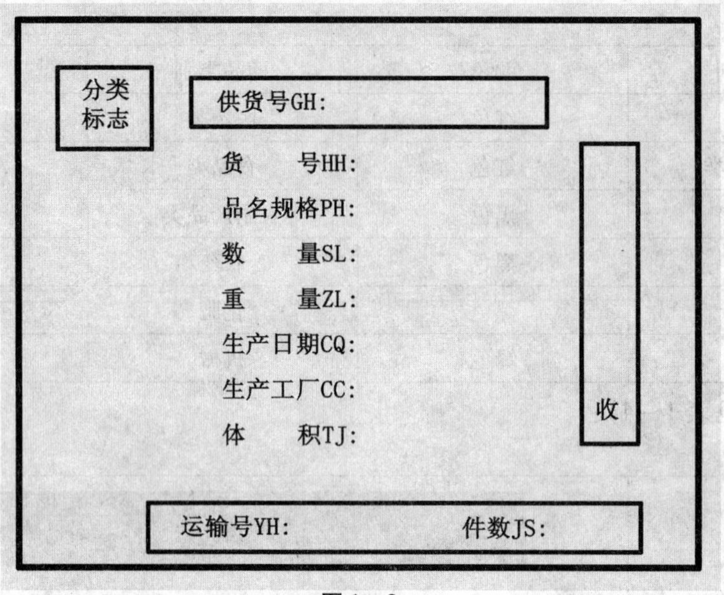
分类
标志
供货号GH:
货 号HH:
品名规格PH:
数 量SL:
重 量ZL:
生产日期CQ:
生产工厂CC:
体 积TJ:
收
运输号YH:
件数JS:

图 1－2

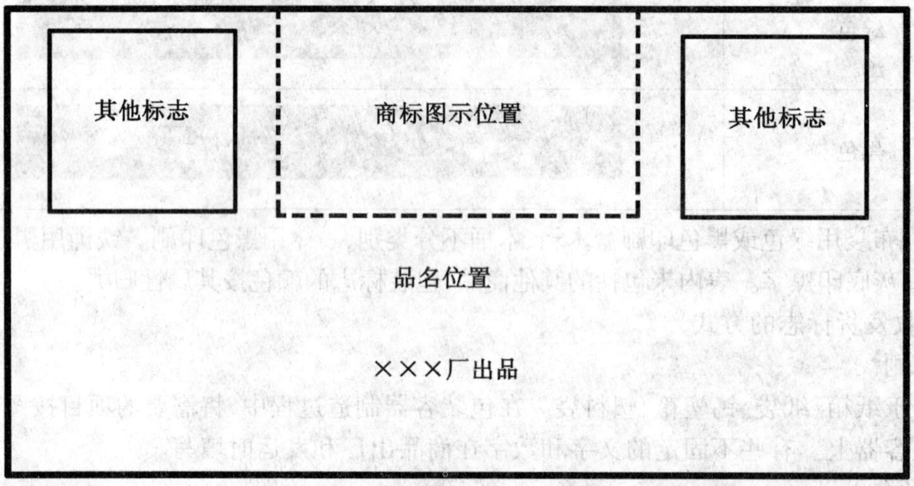
其他标志
商标图示位置
其他标志
品名位置
×××厂出品

图 1－3

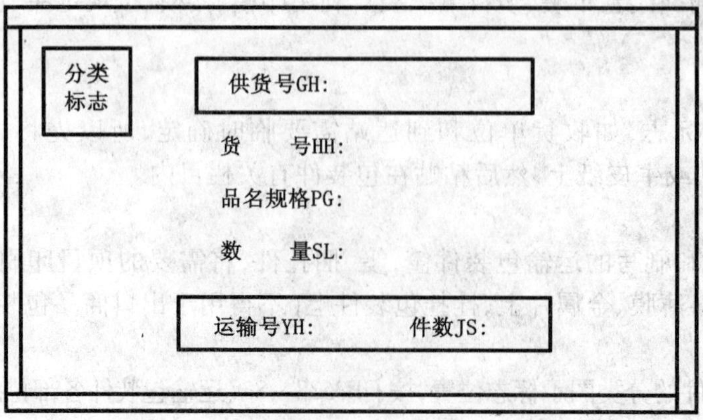
分类
标志
供货号GH:
货 号HH:
品名规格PG:
数 量SL:
运输号YH:
件数JS:

图 1－4

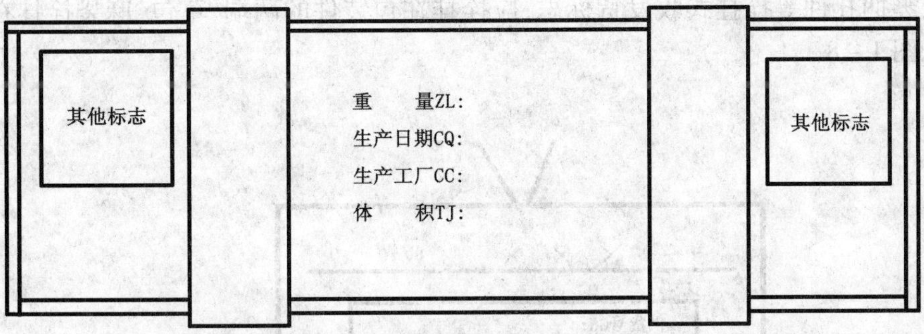

图1－5

②袋类包装件的分类图示标志放在两大面的左上角,收发货标志的其他各项,见图1－6。

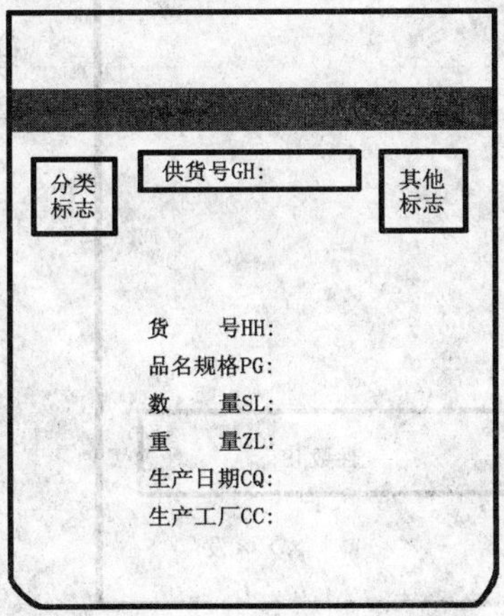

图1－6

③桶类包装的分类图示标志放在左上方,收发货标志的其他各项,见图1－7。

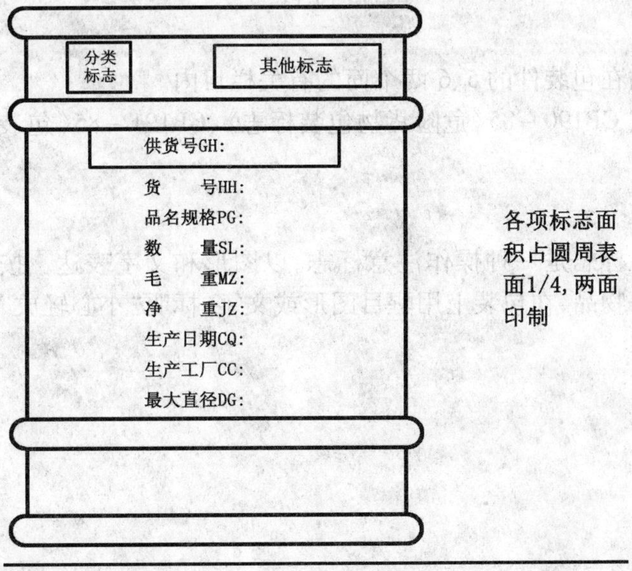

图1－7

④筐、篓捆扎件等拴挂式收发货标志,应拴挂在包装件的两端,草包、麻袋拴挂在包装件的两上角,见图 1－8。

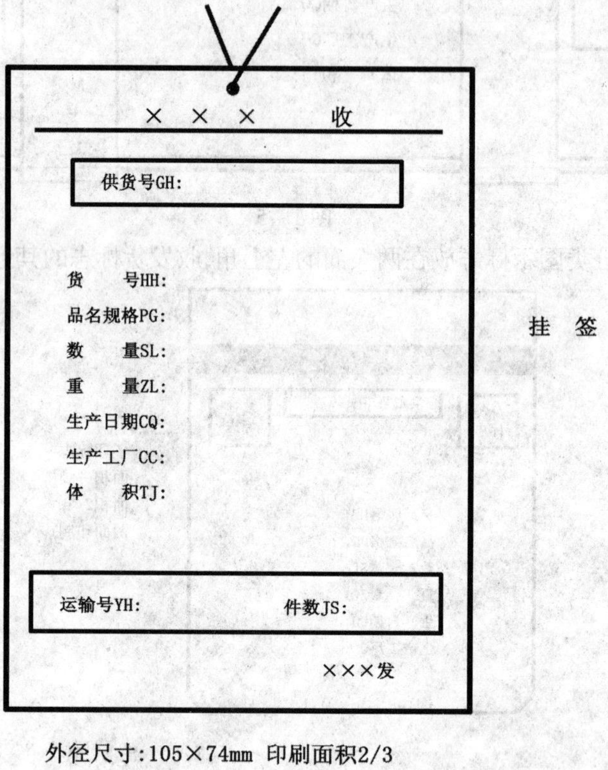

图 1－8

⑤粘贴标志应贴在包装件的 5、6 两个面的有关栏目内。

⑥其他的标志按 GB190－85《危险货物包装标志》、GB191－85《包装储运图示标志》等的规定执行。

(二)指示性标志

物流包装指示性标志是一种操作注意标志,以图形和文字表达。按商品的特点,对于易碎、需防湿、防颠倒等物品,在包装上用醒目图形或文字,标明"小心轻放"、"防潮湿"、"此端向上"等等,见图 1－5。

表1－5

标志号	标志名称	标志图形	使用说明
标志1	小心轻放		用于碰震易碎、需轻拿轻放的运输包装件
标志2	禁用手钩		用于不得使用手钩搬动的运输包装件
标志3	向上	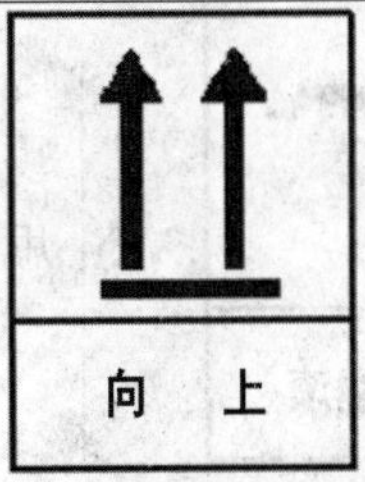	用于指示不得倾倒、倒置的运输包装件
标志4	怕热		用于怕热的运输包装件
标志5	远离放射源及热源		用于指示需远离放射源及热源的运输包装件
标志6	由此吊起	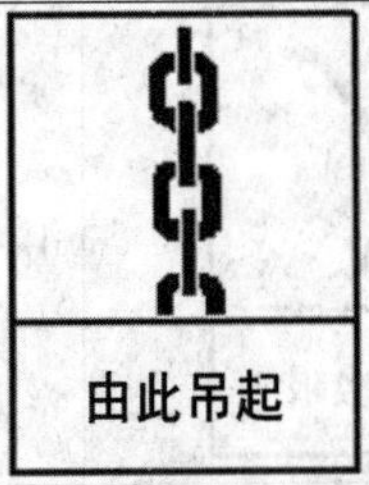	用于指示吊运运输包装件时放链条和绳索的位置

续表

标志号	标志名称	标志图形	使用说明
标志 7	怕湿		用于怕湿的运输包装件
标志 8	重心点		用于指示运输包装件重心所在处
标志 9	禁止滚翻		用于不得滚动搬运的运输包装件
标志 10	堆码重量极限		用于指示允许最大堆码重量的运输包装件
标志 11	堆码层数极限		用于指示允许最大堆码层数的运输包装件。图中 N 为实际堆码层数，印刷或喷涂时用阿拉伯数字表示
标志 12	温度极限		用于指示需要控制温度的运输包

(三)警告性标志

1. 警告性标志的含义

物流包装警告性标志又称危险品标志,用以说明物品系易燃、易爆、有毒、腐蚀性或放射性等危险性货物,以图形及文字表达。对危险性货物的包装储运,各国政府制订有专门的法规,应严格遵照执行。

2. 警告性标志的内容:

危险货物包装图示标志的内容主要包括标志的种类、名称、尺寸及颜色等,适用于危险货物的运输包装。

3. 标志的图形和名称

标志的图形共21种,19个名称,其图形分别标示了9类危险货物的主要特性(见表1-6)。

表1-6

标志号	标志名称	标志图形	对应的危险货物类项号
标志1	爆炸品	 (符号:黑色,底色:橙红色)	1.11.21.3
标志2	爆炸品	 (符号:黑色,底色:橙红色)	1.4
标志3	爆炸品	 (符号:黑色,底色:橙红色)	1.5

续表

标志号	标志名称	标志图形	对应的危险货物类项号
标志4	易燃气体	 （符号：黑色或白色，底色：正红色）	2.1
标志5	不燃气体	 （符号：黑色或白色，底色：绿色）	2.2
标志6	有毒气体	 （符号：黑色，底色：白色）	2.3
标志7	易燃液体	 （符号：黑色或白色，底色：正红色）	3
标志8	易燃固体	 （符号：黑色，底色：白色红条）	4.1

续表

标志号	标志名称	标志图形	对应的危险货物类项号
标志9	自燃物品	 (符号:黑色,底色:上白下红)	4.2
标志10	遇湿易燃物品	 (符号:黑色或白色,底色:蓝色)	4.3
标志11	氧化剂	 (符号:黑色,底色:柠檬黄色)	5.1
标志12	有机过氧化物	 (符号:黑色,底色:柠檬黄色)	5.2
标志13	剧毒品	 (符号:黑色,底色:白色)	6.1

续表

标志号	标志名称	标志图形	对应的危险货物类项号
标志 14	有毒品	 (符号:黑色,底色:白色)	6.1
标志 15	有害品(远离食品)	 (符号:黑色,底色:白色)	6.1
标志 16	感染性物品	 (符号:黑色,底色:白色)	6.2
标志 17	一级放射性物品	 (符号:黑色,底色:白色,附一条红竖条)	7
标志 18	二级放射性物品	 (符号:黑色,底色:上黄下白,附二条红竖条)	7

续表

标志号	标志名称	标志图形	对应的危险货物类项号
标志19	三级放射性物品	 (符号:黑色,底色:上黄下白,附三条红竖条)	7
标志20	腐蚀品	 (符号:上黑下白,底色:上白黑下)	8
标志21	杂类	 (符号:黑色,底色:白色)	9

4. 警告性标志的尺寸

警告性标志的尺寸一般分为4种,见表1-7。

表1-7

尺寸号别	长	宽
1	50	50
2	100	100
3	150	150
4	250	250

5. 标志的使用方法

标志的标打,可采用粘贴、钉附及喷涂等方法。标志的位置规定如下:箱状包装:位于包装端面或侧面的明显处;袋、捆包装:位于包装明显处;桶形包装:位于桶身或桶盖;集装箱、成组货物:粘贴四个侧面。

每种危险品包装件应按其类别贴相应的标志。但如果某种物质或物品还有属于其他类别的危险性质，包装上除了粘贴该类标志作为主标志以外，还应粘贴表明其他危险性的标志作为副标志，副标志图形的下角应标有危险货物的类项号。

储运的各种危险货物性质的区分及其应标打的标志，应按 GB6944、GB12268 及有关国家运输主管部门规定的危险货物安全运输管理的具体办法执行，出口货物的标志应按我国执行的有关国际公约（规则）办理。

标志应清晰，并保证在货物储运期内不脱落。标志应由生产单位在货物出厂前标打，出厂后如改换包装，其标志由改换包装单位标打。

（四）重量体积标志

运输包装外通常都标明包装的体积和毛重，以方便储运过程中安排装卸作业和舱位。一般情况下，在外包装上要标明物品包装的体积，如：长 120cm × 宽 80cm × 高 50cm。而包装物品的重量包括毛重、净重和皮重，一般用 gl 表示。

（五）产地标志

产地标志，亦称为原产地名称，即一个国家、地区或地方的地理名称，用以表明某类产品的原产地。商品产地是海关统计和征税的重要依据，由产地证说明。但一般在内外包装上均注明产地，作为商品说明的一个重要内容。在国际工业产权贸易中，产地标志的问题十分重要。《保护工业产权巴黎公约》和《制裁商品来源的虚假或欺骗性标示马德里协定》都规定了缔约国有义务禁止一切带有虚假产地标志的商品进口，并应对使用这种标志的行为进行法律制裁。许多国家在商标法中规定了保护产地标志的内容，但是产地标志与商标有着明显的区别，例如：中国制造，香港制造，它不可能被某个特定的人（包括自然人或法人）所专有，而应属于该地区的全体居民，同时它也不可能由个人注册，也无法进行转让或使用许可。产地标志的形成具有自然的因素（即该产品以其独特的地方原料制成，或是深受该产地的地理环境的影响）和人为的因素（即该产品采用当地特有的加工工艺，是当地许多代劳动者智慧的结晶），这就使得附有产地标志的某一商品同其他地区的同类商品区别开来，在我国的工业产权立法中，产地标志不受法律保护。但在某种情况下，产地名称作为普遍地理名称使用时，可通过商标注册取得专用权。

四、物流包装标记和标志设计的基本原则

（一）规范性原则

物流包装标记和标志必须统一规范。使用的文字、符号、图形、计量单位等必须符合国家的有关规定，不能随意改动。例如，收发标志字体规定：中文都用仿宋体字；代号用汉语拼音大写字母；数码用阿拉伯数码；英文用大写的拉丁文字母等等。

（二）通俗化原则

物流包装标记和标志必须通俗易懂，简明清晰，易于辨认。避免使用过于深奥的文字说明。

（三）适当性原则

物流包装标记和标志的设计和使用必须得当，要求涂刷、拴挂、粘贴的标记和标志的部位要适当，制作标记和标志所选用的材料、色彩要适当，拴挂的标记和标志规格尺寸要适当等等。

（四）国际性原则

出口商品包装标记和标志必须符合国际惯例，符合输入国的要求。例如，危险品的出口，

除刷制中国的危险标志以外，还应该刷制联合国海事协商组织规定的《国际航运危险标志》中的符号。同时，物流包装的标记和标志设计要符合当地的国情和风俗习惯，不能出现伤害民族感情的文字和符号。

（五）环保原则

物流包装标记和标志的设计和使用必须符号绿色包装的要求，尽量做到重复使用，美化环境，减少对环境的破坏。

五、物流包装的合理化

（一）物流包装合理化在生产和流通中的重要意义

1. 合理的物流包装能够有效保护物品

保护物品是包装的基本功能。科学的合理的物流包装可以有效防止物品被盗和受到损坏，可以降低流通中物品的损耗，从而降低生产成本。

2. 合理的物流包装可以提高生产效率

在生产过程中，生产工人一方面要对原材料包装进行拆装，另一方面要对生产出来的产品进行包装，包装的大小、形状、材料和包装方式都直接影响着生产劳动效率。合理简单的包装不仅可以节约生产成本，还可以减轻劳动强度，节约劳动时间，提高劳动生产效率。

3. 合理的物流包装可以提高物流活动的综合效率

物流活动是一个综合的过程，它不仅包括生产、包装、运输、储存、消费等一系列过程，而且就运输过程而言，一些物品甚至要经过空运、海运、公路运输、铁路运输等若干运输环节才能到达用户手上。这就要求包装随运输方式的变化而变化。在这个过程中，包装的大小、形状、包装材料、包装方式都直接影响到材料搬运装备的类型和数量，影响到物品在仓库中的储存，同时会影响到物品运送过程中的装载、卸货和转运。一般说来，合理的包装，可以使搬运物品更容易，减少存储空间，大大缩短运输时间，降低运输成本，提高物流活动的综合效率。

4. 合理的包装可以减少对环境的污染

合理的包装应该是绿色的包装。我们通过使用环保包装材料、开发使用可循环利用的包装技术，减少包装对自然资源的依赖程度，减少白色污染等对环境的破坏程度，尽快实现绿色包装。

（二）物流包装合理化的基本要求

物流包装合理化既包括包装总体的合理化，也包括包装材料、包装技术、包装方式的合理组合和应用。包装合理化的基本要求是：

1. 防止包装不足

我国包装与发达国家相比还比较落后，前几年我国曾经进行包装大检查，经过统计分析，认定由于包装不足引起的损失，一年达到人民币100亿元以上。同时，由于包装不当，使我国许多产品出口到外国后售价不高，直接影响到我国出口商品的经济效益。目前，我国物流包装要注意克服几个方面存在的问题：

（1）包装强度不足；

（2）包装材料水平不足；

（3）包装容器的层次及容积不足；

(4)包装成本过低,不能保证有效包装。

2. 防止包装过剩

包装过剩是一种浪费,它不仅增加生产成本,加重了消费者的负担,而且也浪费大量的社会资源,违背了我国和国际包装发展的潮流。根据日本的调查,目前发达国家包装过剩的问题也严重存在,大约在20%以上。我国是一个发展中国家,同样也存在包装过剩的问题。例如,几十元的月饼经过层层包装,变成了几千元一盒的“高档月饼”。所以,我们必须强调合理包装,克服包装过剩的不良倾向。包装过剩主要表现在下面几个方面:

(1)包装物强度设计过高;

(2)包装材料选择过高;

(3)包装技术过高,包装层次过多,包装体积过大;

(4)包装成本过高。包装过剩带来的直接后果就是提高了包装成本,使包装成本的支出大大超过减少损失可能获得的效益。

3. 从物流管理的角度,以科学方法确定最优包装

由于物流诸因素是可变的,包装也是不断发展变化的。确定包装形式,选择包装材料和包装方法,都要与物流诸因素的变化相适应,从而确定最优包装。

(1)包装要与装卸搬运相适应

在确定包装时,首先要了解该物品装卸搬运的设备、方法和手段,然后选用适合的包装材料、包装形式、包装方法,方便物品的装卸搬运,更好地保护物品。

(2)包装要与仓储保管相适应

在确定包装时,必须了解仓储保管的条件和方式,使包装与之相适应。例如,仓储保管采用高垛,那么包装就应该增加强度,避免压坏物品;如果仓储保管采用低垛或料架保管,包装的强度就可以适当降低,可以使用低成本的包装材料,以节约资源和费用。

(3)包装要与运输相适应

在确定包装时,必须要考虑运输工具类型、运输距离长短、道路情况、气候情况等等因素,使物品能够迅速快捷安全到达目的地。例如,道路情况比较好对短距离汽车运输,就可以采用轻便的包装;同一种物品,如果需要长距离的海陆空联运,就要求严密厚实的包装。

※习题

一、名词解释

1. 包装

2. 销售包装

3. 通用包装

4. 单元化特性

5. 指示性标志

二、填空题

1. 原始包装的目的是_____和移动其食品和物品。

2. 按包装在商品流通过程中的作用,可以把包装分为________和销售包装两大类。

3. _________是包装的最主要的功能,也是在商品包装设计阶段就必须考虑的问题。

4. 包装的商品特性是指包装已经成为________的组成部分,通过物流包装可以提高商品

的价值和商品的形象。

5. 物流包装合理化既包括________的合理化，也包括包装材料、包装技术、包装方式的合理组合和应用

三、单项选择题

1. 到了________，包装开始成为商品促销的重要手段。

A. 原始包装时期 B. 古代包装时期 C. 近代包装时期 D. 现代包装时期

2. 按照包装的使用范围分类，包装可以分为________。

A. 内包装和外包装 B. 软包装和硬包装

C. 专业包装和通用包装 D. 运输包装和销售包装

3. 包装最根本的目的就是________。

A. 给产品以保护和防护 B. 有利于提高管理水平

C. 降低包装成本 D. 吸引顾客注意

4. 物流包装的________是用来说明物品实体的基本情况

A. 基本标记 B. 运输标记 C. 牌号标记 D. 等级标记

四、多项选择题

1. 包装发展的历史，大致可分为________四个基本阶段。

A. 原始包装的萌芽 B. 古代包装 C. 近代包装

D. 现代包装 E. 后现代包装

2. 包装在物流中的功能主要有：________。

A. 保护商品 B. 便于运输、保管和装卸搬运

C. 促进商品销售 D. 方便消费 E. 传递信息

3. 物流包装标志包括________。

A. 识别标志 B. 指示性标志 C. 警告性标志

D. 体重体积标志 E. 产地标志

4. 物流包装标记和标志设计的基本原则有________。

A. 规范性原则 B. 通俗性原则 C. 适当性原则

D. 国际性原则 E. 环保原则

5. 从物流管理的角度，以科学方法确定最优包装，要求做到________。

A. 包装与国情相适应 B. 包装要与装卸搬运相适应

C. 包装要与仓储保管相适应 D. 包装要与运输相适应

E. 包装要与文化相适应

五、简答题

1. 现代包装的主要特点有哪些？

2. 物流包装分类的目的是什么？

3. 物流包装具有什么样的功能？

4. 物流包装的特性是什么？

六、问答题：

1. 阐述包装在物流中的地位和作用。

2. 物流包装合理化的重要意义。

［案例思考］

●欧美的务实的包装

欧美包装,从来就有给人一种务实的印象。为了保护而包装,为了储存而包装,为了陈列而包装,为了分类而包装——说到底是为了销售而包装。商品的目的就是要卖出去,包装当然是为它们“作嫁衣裳”。从早期的包装来看,70年前旧杂志上所载的包装设计到最近的包装设计,都应如实体现内涵,直截了当传达商品内质的设计。从上世纪初的护手液包装到近年的宠物猫食品包装,都堪称大白话包装。不过,吆喝得还是优美的,形式上也有一脉相承的感觉。充分的把要说的话用视觉形式传达出来,实实在在地告诉你,甚至就是文字的表白,犹如可口可乐就是把商品名称明白无误的亮出来,很多商品均用显著的字母传递信息,当然这些都是通过精心设计的。包装信息传递层次是十分分明而理性的,如品名、品牌、附加名词、容量、企业名称等理性地突出第一信息,实物形象均有大度、得体的安排,正确的传递信息,应当是欧美包装的基本理念。严谨的规范性是欧美包装的另一面,由于工业商业发展较早,在长时期的发展过程中发现需要种种游戏规则,因此无论广告、包装均有周到的立法规范。在很多包装上都有充分详尽的说明及验证数据,不允许有虚假不实之词,而由于对消费者过分的谨慎,以致产生很多东方人所不能理解的情况,例如有人撰文谈美国包装的警示语,举例如下:

某种儿童止咳糖浆说明:“服用后请勿驾驶汽车或开动机器。”

某种冷藏蔬菜上写道:“请化冻后食用。”

某吹风机说明:请勿在睡眠时间使用。

某菜刀包装上写:“请勿做其他用途。”

在烤花生的袋子上写:“警告:内含果仁,请远离年幼儿童。”

熟悉美国生活的香港读者作了更正,认为这些警示语都是根据法律规定,目的明确地针对成人更是儿童的警示,符合保护儿童立法的本愿,并起到有益的作用。而报载有非洲人士服用中药,误吞外壳蜡丸,是因为包装上没有说明外壳蜡丸需剥去,导致纠纷。可见包装设计的规范性是重要的,尤其是在经济走向国际一体化的今天。

包装作为一切商品的形式与中介,全面立法与严谨的规范性是十分必要的,这是维护消费者利益与产品包装的基本定位。消费意识与保护消费利益,是包装理念的基本原则,这也正是欧美包装的卖点。(资料来自中国包装设计网)

●水产品出口包装是个大问题

据中国食品产业网2006年2月17日报道,我国水产品出口每年因包装不合格损失近70亿美元。目前,水产品包装的技术标准,足以成为一道难以跨越的贸易壁垒,给出口企业造成灭顶之灾。究其原因,主要是企业和商家均不重视水产品的包装。在水产品加工出口企业中,大部分企业对产品的外包装尚存在各种模糊认识。有些企业的经营者甚至认为,出口的水产品只有自身的质量才是决定一切的关键。

然而事实无数次地证明,导致水产品出口的损失不仅在产品自身的质量上,而且多发生在外包装质量上。主要表现为:一是材质不过硬,经不住长途运输和多次搬运,造成包装体的破碎,损坏了产品的内在质量。尤其是水产品一经污染,便成了次品、废品。二是不符合“绿色包装”的要求,材料中含有污染环境和影响健康的有毒成分,最终影响了水产品自身的质量。

三是包装标识图案及文字说明不符合进口国的要求和规定，最终导致产品“退回没商量”。如今一些国家已将水产品的包装检验标准从原先的几项、十几项增加到几十项，有些指标甚至细化到了包装的印刷层面。例如标签，只要是在包装上少了个标识，即使品质再优良，也照退不误。

由此可见，注重水产品的包装质量决非小事一桩，它是关系到企业和商家生存的重大问题，决不可等闲视之。尤其是出口型企业，要针对已出现的“包装壁垒”，不断了解国内外包装新动态，研究和探索国内外包装新材料、新工艺、新技术，既要注意搜集国际市场上对包装的新要求，特别是技术检验规定、出口商品包装要求及标准，更要研究了解进口国对包装的环保要求，以及进口国的传统文化习俗和对包装的图案、文字及其禁忌要求等，做到“看客下菜碟”。包装虽小，却能做出大文章。无论是水产品的无菌包装，还是航运包装，甚至是“活鱼”包装，只要充分发挥包装的各种功能，就一定会促进水产品的出口，提升水产品的经济价值，推动水产业的发展，使水产品包装业成为经济发展的一个新亮点。

［案例讨论题］

1. 欧美国家提倡并实施的“务实包装”有什么重要作用？中国企业如何借鉴这一成功经验调整我们的包装思路？

2. 我们从我国水产品出口遇到的问题中，结合本章教学内容，如何理解物流包装的重要意义？我们应该从那些方面改进我国比较落后的包装？

◆——第 2 章 绿色包装

●本章主要内容

★绿色包装的概述

世界环境和资源的现状，绿色包装的兴起，绿色包装内涵的扩展，绿色包装的定义。

★包装资源的合理利用

物流包装的分类，物流包装资源的合理利用。

★物流包装废弃物的管理

物流包装废弃物对环境的影响，加强物流包装废弃物管理的意义，加强物流包装废弃物管理的主要内容。

★包装废弃物的回收处理及综合利用技术

纸包装废弃物的回收处理和综合利用技术，塑料包装废弃物的回收处理和综合利用技术，玻璃包装废弃物的回收处理和综合利用技术，易拉罐的回收处理技术。

★物流包装废弃物的综合治理及我国发展绿色包装的对策

物流包装废弃物综合治理的状况，我国物流包装废弃物综合治理需要解决的主要问题，我国发展绿色包装的主要对策。

---

*

由日本东洋制罐株式会社的包装产品开发的塑胶金属复合罐 TULC(ToyoUltimateCan)罐，以 PET 及铁皮合成之二片罐，主要使用对象是饮料罐。这种复合罐既节约材料又易于再循环，在制作过程中低能耗、低消耗，属于环境友好型产品。东洋制罐还研发生产一种超轻级的玻璃瓶。像用这种材料生产的 187 毫升的牛奶瓶的厚度只有 1.63 毫米，89 克重，普通牛奶瓶厚度为 2.26 毫米，重 130 克，比普通瓶轻 40%，可反复使用 40 次以上。该公司还生产不含木纤维的纸杯和可生物降解的纸塑杯子。东洋制罐为了使塑料包装桶、瓶在使用后方便处理，减少体积，在塑料桶上设计几根环形折痕，废弃时可很方便折叠缩小体积，这类塑料桶(瓶)种类多达从 500 毫升到 10 升容积等品种。

日本公司包装产品的实际案例我们可以清楚地看到日本同行在包装减量化方面做了大量富有成效的研究、开发。党的十六届五中全会提出，要把发展循环经济，建设资源节约型、环境友好型社会作为“十一五”经济社会发展的重大战略任务。那么，为什么我们要发展绿色包装？绿色包装的内容和基本要求是什么？发展绿色包装的方法和途径有哪些？本章将作详细介绍。

第一节　绿色包装概述

一、世界环境和资源现状

环境是一个现代概念，在自然科学中，是指围绕生物体外部的空间及所包容的一切因素的总和。人类社会的生存和发展是构建在环境系统对人类活动的支撑和限制基础上的。随着工业化、城市化和现代化过程的推进，人类活动对生态环境的改变和破坏也日益加深，最终导致了全球性生态环境的恶化。人类正面临日益严重的生存环境威胁。

（一）世界环境危机

由于产业革命带来的负面影响，生态环境遭到严重破坏，已经危机到人类的生存和发展，影响了社会经济的可持续发展。环境危机主要表现在以下几个方面：

1. 酸雨与毒雾的出现

酸雨一般是指 PH 值小于 5.6 的大气降水。酸雨的形成与人们的生产生活密切相关。一般是从二氧化硫和氯的氧化物排入大气开始的。这些气体由汽车、冶炼厂、发电厂、居民和商业建筑燃烧煤和石油等石化燃料释放出来，和云里的水蒸汽结合形成硫酸和硝酸，以雨雪形式降到地面。除了人为因素以外，火山爆发和森林火灾等也是产生酸雨的重要原因。酸雨同时是在长距离迁移中形成的，发生酸雨的地区可能距离污染物发生源数千公里之遥，因此酸雨问题已是一种国际性问题。酸雨能够破坏土壤和水体，影响陆生、水生生态，影响植物生长，造成鱼虾绝迹；同时还能腐蚀建筑物，加速建筑物的蚀化。危害人类身体健康，严重的酸雨可以刺激人的眼睛和皮肤。目前酸雨危害面积已达数千万平方公里，最严重的地区分布在北美和欧洲工业发达地区，雨中的酸性程度超过正常情况的 10 倍。随着我国工业化进程的加速发展，空气污染与酸雨覆盖面积却在急剧扩大，到 1999 年我国已成为仅次于欧洲和北美的世界第三大酸雨区。毒雾又称“杀人的烟雾”，1930 年首次出现在比利时，烟雾中二氧化硫与粉尘的浓度，超过人所能承受的程度，累计导致 6000 余人死亡。

2. 臭氧层的损耗

科学家发现，亿万年以来，这个在地面上空 10～15 公里的大气平流层中形成并存在的臭氧层将太阳紫外线辐射的 90% 以上吸收掉了，地球上的生命也因此免遭紫外线的强烈辐射。所以有人称臭氧层和水一样是地球生命存在的必要条件。臭氧层是大气圈平流层中的一个臭氧含量相对较高的气体层，虽然它只占大气总质量的百万分之一，在最密集的地方其浓度也低于十万分之一，但由于臭氧层具有强烈的吸收紫外线的功能，可以有效地保护地球生物免遭杀伤，得以的生存和发展，因而它是地球上亿万种生命和人类的守护神。研究表明，地球上的臭氧层是地球演化至近 5 亿年形成的，是大气层圈中十分脆弱的气体层。1984 年，英国的科学家偶然发现，南极上空出现了一个臭氧层“空洞”，这个“空洞”的面积相当于美国大陆，并且面积逐年在扩大。这一发现使全世界为之震惊。随之的研究表明，大气圈中的臭氧层随着人类工业文明的发展正在加速损耗，南极臭氧“空洞”有继续发展扩大的趋势，英国的科学家最近又公布了一个数字，就是美、苏、中、日、加拿大、西欧这个广阔地带上空的臭氧层已比1970年减少了3%。在近一个世纪中，南极上空的臭氧含量就减少了60%。臭氧层中臭氧含量的减少，相当于在地球上空开了天窗，让大量的紫外线毫无阻挡地照射到地表。

造成臭氧层破坏的主要原因，是制冷剂、发泡剂、洗净剂中使用的含氯氟烃等臭氧层消耗物质。这些化学物质在低空十分稳定，但随大气团运动上升到平流层后，在强烈的紫外线作用下，与臭氧作用，使臭氧分子成为普通的氧分子。少量的臭氧层消耗物质会毁坏大量的臭氧分子。在大气圈中，物质分布扩散运动速度快，极微小的外来干扰都可能打破原来的平衡。

臭氧层破坏，导致气候和生态环境发生异变，紫外线辐射增强，使人的免疫功能下降，皮肤癌、白内障和呼吸病患者增加；同时会严重损害动植物的基本结构，使海洋浮游生物、虾蟹幼体大量死亡，农作物如小麦、水稻减产；气温上升，给人类带来灾难。如果臭氧层一旦消失，地球上的生态环境将返回至4.5亿年前的生态环境，包括人类在内的千万种陆地生物将面临灭绝，这是多么可怕的情景啊！人类活动对大气环境的影响不可低估。目前大气中已知产生危害或被人们注意的污染物已近百种。

3. 温室效应

所谓温室效应，主要指人类在利用燃料、种植水稻、饲养家畜和处置生活垃圾等活动中产生的大量二氧化碳、甲烷等气体排入大气环境，形成温室，太阳辐射热可以进入温室，而地球热量不能从温室中散失，因而，使地球逐步变暖的现象。导致温室效应的这一类气体称为温室气体。温室气体就像地球表面覆盖了一层保温的屏障，而地球仿佛变成了一个巨大的温室。我们知道，地球上的绿色植物通过光合作用不断地从大气中吸收二氧化碳，当植物和动物呼吸以及有机物腐烂或燃烧时，二氧化碳又渐渐地释放到大气中去。在产业革命以前的自然环境中，从大气中吸收和释放到大气中的二氧化碳数量是基本平衡的。

近几十年来，由于人类活动对环境污染程度的加剧，森林的大量砍伐，草原退化等导致了大气中二氧化碳浓度的大幅度增加，是造成地球的热平衡失衡和地球系统温度升高的主要原因。据科学家估算，近百年来，二氧化碳的浓度增加了25%，今后50年还要增加30%。世界卫生组织预测，照这个速度增加下去，到2030年，地球上的平均气温可增加4.5℃，而过去一万年里，地球的平均气温才增加了2℃。如果大气中的二氧化碳浓度增加一倍，将使高纬度地区气温升高4℃～10℃，这样地球上的冰川和南北极冰层将融化，全球海面要上升几十米，许多沿海城市，甚至西欧、北美、东南亚、西北非洲和大洋洲的多数地区将变成泽国水乡。温室效应将引起全球气温和气候的反常，从而导致世界范围飓风、暴雨、海啸等极端气象现象的增多，干旱地区旱情加剧、沙漠扩大，并使传统的气候带和粮食带发生变化和转移，给人类带来无法估量的损失。

4. 生物多样性日趋减弱

生物多样性是指地球上所有的生物—植物、动物和微生物及其生存环境所构成的综合体。它包括遗传多样性、物种多样性和生态系统多样性三个组成部分。地球上亿万种生物构成了一个宏大的、互相依存的系统，多种多样的生物与物理环境交互作用形成了复杂的生态系统。生态系统调节着地球上的能量流动和物质循环。

生物多样性是地球上的生命经过近40亿年发展进化的结果，是人类生存和发展的基础。生物多样性为我们提供了食物纤维、木材、药材及多种工业原料，特别是食物，是无法用化学合成产品所取代的。生物多样性还提供了保持土壤肥力，保证水质，以及调节气候等"服务功能"。由此可见，保护生物多样性包括保护濒危物种，对人类后代、对构建和谐社会、促进社会经济的持续发展、对科学事业都具有重大的战略意义。生物多样性保护已引起国际社会的关注，成为全球环境问题的一个热点。然而，当人类文明的脚步跨入 21 世纪之时，物种多样性日趋减弱带来的危机也正向人类袭来。由于人类的活动，如大面积的森材采伐和农垦，生物资源的过分利用，工业化和城市化、污染等，加速了地球上物种灭绝的速度。自然界的物种灭绝分为真灭绝和假灭绝，真灭绝是完全绝种不留后裔，假灭绝是原生物种演变为新种。自然界中的物种时有灭绝，在地球历史上出现过的物种，90% 以上都已消失，最引人注目的是恐龙类的全部灭绝。统计研究表明，自人类进入工业化时代以后，自然界物种灭绝的速率为自然条件下的 1000 倍，后果触目惊心。

（二）世界资源危机

由于世界经济的快速发展，大量消耗自然资源，给世界带来了资源危机。环境恶化、资源短缺、人口急增被称为当代三大危机。后两者的严峻性表现在以下几个方面：

1. 人口急剧增加

人口是生活在特定社会、特定地域、具有一定数量和质量，并在自然环境和社会环境中同各种自然因素和社会因素组成复杂关系的人的总称。一定的人口是社会发展不可缺少的条件，但是，过多的人口也会影响和阻碍社会的持续、和谐发展。

世界人口几个重要里程碑：1804 年 10 亿，1927 年 20 亿，1960 年 30 亿，1974 年 40 亿，1987 年 50 亿 1999 年 60 亿。2005 年底世界人口超过 65 亿。目前世界人口年增长率 1.33%。尽管人口增长率在下降，但世界每年净增人口 7800 万左右。世界妇女平均生育 2.8 个孩子。按照这样的发展速度，预计到 2013 年世界人口将超过 70 亿，2028 年 80 亿，2054 年 90 亿，2095 年超过 100 亿。

人口依赖环境和资源而存在。如果我们不控制人口，人口过快增长，将大量开发资源，环境恶化和资源短缺将随人口急增进一步加剧。

2. 森林资源大幅度减少

森林资源是林地及其所生长的森林有机体的总称。这里以林木资源为主，还包括林下植物、野生动物、土壤微生物等资源。森林资源是地球上最重要的资源之一，是生物多样化的基础，它不仅能够为生产和生活提供多种宝贵的木材和原材料，能够为人类经济生活提供多种食品，更重要的是森林能够调节气候、保持水土、防止和减轻旱涝、风沙、冰雹等自然灾害；还有净化空气、消除噪音等功能。同时森林还是天然的动植物园，哺育着各种飞禽走兽和生长着多种珍贵林木和药材。

2005 年全世界森林面积约为 39.52 亿平方公里，占陆地面积的 1/3。全球森林主要集中在南美、俄罗斯、中非和东南业。这 4 个地区拥有全世界 60% 的森林，其中尤以俄罗斯、巴西、印尼和民主刚果为最，4 国拥有全球 40% 的森林。联合国环境规划署报告称，有史以来全球森林已减少了一半，全球每年消失的森林近千万公顷，主要原因是人类活动。

我国国土面积 960 万平方公里（折合 143.9928 亿亩），约占世界总量的 7%，人口 13 亿，约占世界总量的 22%，而森林面积仅占世界的 4.6%。我国森林总面积 15894.1 万公顷，森林蓄积量为 112.7 亿立方米。林木总蓄积量不足世界总量的 3%，森林覆盖率为 16.55%，排世界第 142 位，人均森林面积 0.128 公顷，只有世界平均水平的 1/5，排世界 120 位，人均森林蓄积量 9.048 立方米，只有世界平均水平的 1/8，排世界第 121 位，年人均消费木材 0.22 立方米，而世界平均水平是0.65立方米，比我国高近3倍多，差距十分明显。

森林资源的破坏会导致水土流失、生物多样性的破坏，尤其是各种野生动物栖息地减少，使大量有传染性的致病性微生物通过野生动物扩散，容易造成传染病的流行。如果生态平衡被打破，人类的生存和发展就会受到最严峻的挑战。

3. 水资源严重不足

水资源是各种资源中不可替代的一种重要资源。水资源与环境密切相关，也与人口间接有关，因此水资源问题已成为举世瞩目的重要问题之一。地球表面约有70%以上为水所覆盖，其余约占地球表面30%的陆地也有水的存在。地球总水量为138.6×108亿m^3，其中淡水储量为3.5×108亿m^3，占总储量的2.53%。由于开发困难或技术经济的限制，到目前为止，海水、深层地下水、冰雪固态淡水等还很少被直接利用。比较容易开发利用的、与人类生活生产关系最为密切的湖泊、河流和浅层地下淡水资源，只占淡水总储量的0.34%，为104.6×104亿m^3，还不到全球水总储量的万分之一。通常所说的水资源主要指这部分可供使用的、逐年可以恢复更新的淡水资源。可见地球上的淡水资源并不丰富。目前全球人均供水量比1970年减少了1/3，因这在这期间地球上又增加了18亿人口。按照水文学家的估算，年人均拥有水量为1000~2000m^3的国家可定为水紧张的国家，当该数字下降为不到1000m^3时，那么就可定为缺水国家。目前占世界人口40%的80个国家正面临着水危机，其中共有2.32亿人口所在的26个国家被列为缺水国家，发展中国家约有10亿人喝不到清洁的水，17亿人没有良好的卫生设施，每年约有2500万人死于饮用不清洁的水。另外，不少国家人口增长率非常高，所以它们的水问题也日益加深。中东14个国家中的9个已面临缺水困境，是世界上缺水国家最集中的地区。其中6个国家的人口预计在25年内要增加1倍，所以供水紧张局面的加剧是不可避免的。由于中东的河流实际上都为好几个国家所有，所以该地区出现了由于水权问题而引起的紧张的政治局势，并且这种局势还可能会加剧，甚至随时引发战争。

我国是一个水资源短缺、旱涝灾害频繁的国家，如果按水资源总量考虑，水资源总量居世界第六位，但是我国人口众多，若按人均水资源量计算，人均占有量只有2500立方米，约为世界人均水量的1/4，在世界排第110位（按149个国家统计，统一采用联合国1990年人口统计结果），已经被联合国列为13个贫水国家之一。我国水资源分布同人口、耕地分布极不协调，东部多，西部少，南部多，北部少。水资源这种不均衡分布，严重地制约了国民经济的健康发展，南水北调、平衡用水成为经济和政治的热门话题。我国水资源供需状况不容乐观。长期以来，我国社会经济发展一直受缺水困绕，水资源成为国民经济发展的"瓶颈"，缺水量越来越多，缺水地区迅速由点到面，几乎成为全国性问题，并且此问题越来越突出。

水资源危机严重地威胁了我国社会可持续发展。首先，水资源危机将会导致生态环境的进一步恶化。为了取得足够的水资源供给社会，必将加大水资源开采力度，水资源过渡开发，可能导致一系列的生态环境问题。例如，过度开采地下水会引起地面沉降、海水入侵、海水倒灌等环境问题。其次，水资源短缺将威胁粮食安全。粮食是人类生活不可缺少的物质，充足的粮食供给是现代化社会的首要标志之一。粮食的生产依赖水资源的供给，随着水危机的不断加剧确，城市、工业与农业争水日益突出，势必影响粮食生产，威胁粮食安全。第三，国民经济损失不断加大。随着社会经济的发展，国民经济依赖水资源程度越来越大，水资源危机势必给国民经济带来损失，并且随着水资源危机的加剧损失不断加大。

4. 矿产资源枯竭

矿产资源是自然资源的重要组成部分，是人类社会发展的重要物质基础。地球上的矿产种类很多，现已发现的有200多种，但在世界上广泛应用的有80多种。一般按性能分为燃料（能源）矿产、金属矿产和非金属矿产三大类。从世界对矿物原料的需求与产值情况看，能源矿物和非金属矿产在矿物原料中的地位不断上升，特别是能源矿产明显占据首要地位。矿物原料的勘探、采掘和加工是现代工业发展的物质基础。随着世界科学技术的发展，生产力水平的不断提高，特别是第二次世界大战后新科技革命的突飞，矿物原料在世界工业发展中的地位和作用日益重要。尤其对工业发达国家更为突出。

中国是一个世界制造大国，素有"世界工厂"之称，都矿产资源的依赖性很大。中国矿产资源总的特点是：1. 总量大，但人均拥有量低；2. 种类齐全但结构不合理；3. 分布相对集中，但与经济区域不匹配；4. 在部分用量大的支柱性矿产中贫矿和难选矿多，开发利用难度大，利用成本高。截至2004年，我国已发现矿产173种，探明有储量的矿产有155种，其中能源矿产8种，金属矿产54种，非金属矿产90种，水气矿产3种，矿床、矿点20多万处，经详细工作的近2万余处，是全球矿产资源种类比较齐全的国家之一。已探明矿产资源总量较大，约占世界的12%，仅次于美国和前苏联，居世界第3位。但是，我国主要矿产储量占世界的比例并不高，如铁矿石不足9%，锰矿石约18%，铬矿只有0.1%，铜矿不足5%，铝土矿不足2%，钾盐矿小于1%，煤炭占世界总量16%，石油占1.8%，天然气占0.7%。人均占有量也很低，如石油资源的人均占有量只有世界人均的11%，天然气不足5%，化石资源（包括石油、煤炭、天然气）只有世界人均占有量的58%，为世界第53位，居于世界中档水平。在资源分布上，具有不均匀性和区带性：74%的煤集中于晋、陕、蒙、新四省区，而经济发达，用煤量大的东南地区则很紧缺，形成北煤南调、西煤东运的局面。70%的磷矿集中于云、贵、川、鄂四省，北方大量用磷则需南磷北调。从矿产资源的可利用性来看，我国铁矿平均品位为33.5%，比世界平均品位低10%以上；锰矿平均品位22%，而世界平均品位为48%；铝土矿以一水硬铝石为主，三水铝石和一水软铝石较少；铜矿品位大于1%的储量仅35%，平均品位0.87%；磷矿平均品位仅16.95%，富矿少，且胶磷矿多，选矿难度大。在矿床规模上，中小型矿床所占比例较大，不利于规模开发。矿床规模大的矿产仅有钨、锡、钼、锑、铅锌、镍、稀土、菱镁矿、石墨、北方煤炭等。一些重要矿床规模以小型为主，如铁、铜、铝、硫铁、南方煤等，大型超大型矿少，单个矿区难以形成规模开发。此外有些大中型矿床分布于西部边远地区，开发利用难度极大，如西藏的铬矿等。

从中国矿业联合会获悉，近年来中国矿产资源紧缺矛盾日益突出，石油、煤炭、铜、铁、锰、铬储量持续下降，缺口及短缺进一步加大，中国45种主要矿产的现有储量，能保证2010年需求的只有24种，能保证2020年需求的只有6种。中国的主要油田都已接近生产结束期。未来20年中国石油需求缺口超过60亿吨，天然气超过2万亿立方米，钢铁缺口总量30亿吨，铜超过5000万吨，精炼铝1亿吨，即重要矿产资源的供应将是不可持续的。中国矿产资源的严重短缺已经威胁到我国经济的安全运行。

（三）物流包装与环境、资源的关系

物流包装环境与资源的关系十分密切，它们相互制约、相互作用。一方面，丰富的资源、良好的环境为物流包装的发展奠定了坚实的物质基础。另一方面，物流包装对环境与资源产生很大的影响这种影响包括有利影响和不利影响两重性。

1. 物流包装有利于环境的保护和资源的合理利用

(1)科学规范的物流包装可以有效保护物品,保证物品完好无损,不让物品的数量和质量受到损失,就可以提高物品的利用率,可以减少资源浪费,就能够减少对资源的依赖,有利于环境的保护和资源的合理利用。

(2)科学合理的物流包装,能够有效防止易燃、易爆、易腐蚀、易放射、易辐射、有毒等物品的泄漏,避免安全事故的发生,减少对环境的污染和对资源的破坏。

(3)绿色物流包装就是符合环保要求的包装,它要求商品包装无害于生态平衡,无害于人类健康。具体而言,绿色包装泛指包装用料节省资源,尽量减少包装废弃物;用后利于回收再利用和再生成为其他有用之材;填埋时少占地而易于降解。可见,物流包装有利于环境的保护和资源的合理利用。

2. 物流包装不利于环境的保护和资源的合理利用

(1)包装工业对环境的污染

包装工业是指生产包装材料、包装产品的企业部门。特别是包装材料工业,如造纸、塑料、金属冶炼、玻璃等工业,它们在生产过程中要排放大量的废水、废气和废渣,内含大量有毒化学物,若不进行处理或回收利用,任其排放于环境中,势必造成环境污染。

(2)包装废弃物对环境的污染

包装随同产品到达消费者手中,经使用后绝大多数包装物均完成自身使命,变成包装废弃物。对这些包装废弃物如塑料袋、塑料瓶、玻璃瓶、金属罐、纸箱等若不加以回收和处理,任其弃置于环境中,必将对环境造成污染。包装废弃物及其他废弃物正成为困扰人类社会的一大问题,据统计,全世界每年要产生超过10亿吨的垃圾,大量的生活和工业垃圾由于缺少处理系统而露天堆放,垃圾围城现象日益严重,成堆的垃圾臭气熏天,病菌滋生,有毒物质污染地表和地下水,严重危害人类的健康,这种现象若得不到遏制,人类将被自己生产的垃圾埋葬掉。

二、绿色包装的兴起

"绿色包装"和"绿色包装工程"是近几年在全世界环境污染日趋严重的情况下提出的新概念。众所周知,包装不仅为人类健康和社会进步提供了必不可少的条件,而且在保护产品,加速物流,方便使用,促进销售等方面起着重要的作用。但是,包装也消耗了大量的材料,并造成了令全世界头疼的废弃物问题。随着经济和消费水平的增长,产品面临着无地可埋的危险局面,同时也对环境造成污染的危害。因此,保护生态环境就成了世界各国包装工业关注的热点。

绿色包装的兴起源于白色污染的泛滥,严格来说,主要在于随着包装材料以及包装制品日益丰富而带来的包装废弃物的迅猛增加,在于人们在生产和经营的活动中忽视环境因素,对难以处理的塑料制品不于予理睬,对于该回收的包装制品不予回收,对环境造成很大的污染。

1972年的第一次联合国人类环境大会通过了《人类环境宣言》。联合国环境与发展委员会于1987年发表了《我们共同的未来》文件。1992年6月,在巴西里约热内卢召开的联合国"世界环境与发展"大会上,183个国家和70多个国际组织就长期发展和需要一致通过了国际环境保护纲要,正式确定"可持续发展"是人类社会的主题。人们越来越深刻地认识到包装废弃物的排放对资源和环境的破坏作用,要求减少固体废弃物的排放,要充分有效地对它们进行回收利用和开发新型的材料来造福人类。大会通过了《里约环境与发展宣言》(21世纪议程),提出了可持续发展的战略,即在满足当代人需求的同时,不损害人类后代的需要,在满足人类需求的同时,不损害其他物种的需要。总体要求是:(1)人与自然相和谐的生活方式。(2)为持续发展制定政策,在制定社会、经济发展规划和法规政策时,要将环境与发展作为一个整体考虑。(3)不损害环境的工业发展和适度的消费规模。(4)管理目标的优先级应反映适用于环境与发展范畴。(5)加强为发展的资源保护和管理。

20世纪90年代以来,贸易壁垒发生了重要变化,绿色包装日益成为新的非关税壁垒——绿色壁垒。发达国家以保护有限资源、环境、人类健康为目的,制定一系列全新的标准,限制国外产品和服务进口。WTO的有关协议规定,不得阻止任何国家采取必要的措施来保护人类、生物的生命健康,保护环境。但这却为发达国家构筑绿色壁垒提供了依据。目前主要有"环境贸易壁垒"、"卫生检疫壁垒"两种。1998年,欧盟禁止我国未经卫生检疫的木制包装箱、木制托盘入境,仅此我国经贸损失达数十亿元。2000年,欧盟在环境贸易壁垒方面采取了更大的行动,要求家电、电子产品、通信用品的回收率为60%以上,个别类产品回收率高达75%,其中包装制品85%以上。这项规定已于2006年1月正式执行。随着我国加入WTO,国外的绿色壁垒对我国出口贸易的影响会变得更为严峻。

1996年,国际标准化组织ISO成立TC207委员会,颁布了环境标志制度和国际环境管理标准——ISO14000。环境标志又称绿色标志,是指政府部门或公共团体依据一定的环境标准,向企业颁发证书,证明其产品的生产、使用及处理过程符合环保要求,对环境无害或危害极低,并有利于资源再生利用。环境标志有三种:即I型、II型、III型。I型环境标志为生态环保标志,依各国国情的变化,I型标志也存在不同的标准。II型标志是"企业声明"性质的信息标志,企事业单位依据自身特点,制订具体的环境保护方法,以标识的方式向社会公开。III型标志为产品质量标志,以具体资料的方式表明企事业产品的环境特征。我国和日本等国采用I型标志,美国及欧盟等国多采用III型标志。从1978年德国最先推出这一制度以来,已有40多个国家(多为发达国家)和地区实行这一制度,我国自1994年实施以来已颁布了数批获得环境标志的产品及企业。如果一个产品一个企业取得了环境标志,就等于取得了进入实施环境标志制度国家市场的"通行证",否则该产品的市场竞争力将严重下挫,环境标志日益成为企业提高效益、树立形象的标志。

国际环境管理标准-ISO14000是国家标准化组织(ISO)的环境管理技术委员会制定的标准,ISO14000系列包括ISO14001(环境管理体系-导则和使用规范)、ISO14004(环境管理体系-原则、体系和使用规范)等100个标准,划分为如下六个子系统:ISO14000系列-评价企业-环境管理体系、环境行为评价、环境审核与监督、评价产品-生命周期评定、环境标志、产品标准中的环境指南。国际环境管理标准ISO14000系列的目标是:规范企事业单位、社会团体的环保行为,减少生产活动所造成的环境破坏,最大限度地节省资源,改善环境质量,使环保与经济发展相协调,实现可持续发展。ISO14000审核认证的基本内容有:(1)企业建立环境管理体系;(2)企业有良好的环保状况和环保业绩;(3)企业的生产活动符合环保法规;(4)企业有完备的环境报告等。ISO14000系列除遵循一般的质量管理体系原则,更注重环境质量的保护,对于现代企业而言,只有重视产品质量并建立环境管理体系,才能适应市场经济的快速发展。通过ISO14000认证同样是提高企业形象和市场竞争力的标志。

为了适应国际环境保护的大趋势,为了表明中国政府和人民保护环境的诚意和决心,1996年6月国务院新闻办公室在"6.5"世界环境日之际,公布了《中国的环境保护(白皮书)》,全面阐述了中国为环境保护所做的努力。同年8月3日发布了《国务院关于环境保护若干问题的决定》,以贯彻“九五”计划和《2010 年远景目标纲要》,实现了到 2000 年使环境污染和生态破坏加剧的趋势得到基本控制,部分城市和地区的环境质量有所改善的环境保护目标。原中国包装技术协会 1996 年制定的《全国包装行业“九五”发展规划及 2010 年远景发展目标》,将绿色包装列入包装工业的重点和发展方向。

三、绿色包装内涵的扩展

绿色包装是人们为了保护环境、走节约型经济发展道路提出的一种新的理念。随着人们对“包装与环境”关系认识的不断深化,对绿色包装的理解更为全面和科学,绿色包装的内涵也随之不断扩展。

(一)“包装废弃物回收处理说”

包装材料的发展与人类文明发展史和技术进步密切相关。进入 20 世纪 60 年代,世界经济发展出现了大工业生产、高速化生产、大量消费、一次性消费等适合现代人类高生产、高消费、快节奏的生产和消费方式。而包装是商品经济发展的一个重要环节,商品经济生产要求开发适应高速化、自动化包装的高强度包装材料,商品流通又要求开发确保商品质量和延长寿命的高性能及多功能的包装材料。塑料以其质轻、强度高、耐腐蚀性能好,同时易于多元、多层复合获得多功能性从而满足了商品经济发展的要求。因此,塑料包装开始得到广泛应用,由于在功能性、节约资源、节约能源以及质量等方面有明显优势,还取代了其他部分包装材料。但是,与此同时,塑料的不烂、不分解性以及塑料包装大多一次性使用,包装废弃物大量增加,在社会上形成了公害的“白色污染”。加之随着商品经济的发展、纸包装、瓦楞纸箱、玻璃包装、金属包装的使用大大增加,工业越发达的国家,人均包装材料消耗量越大,包装废弃物数量也越大。据统计,一般国家包装废弃物的数量约占城市固体废弃物数量的三分之一。包装废弃物形成垃圾,不降解包装废弃物还成了“永久”垃圾,形成了对环境和人体健康的严重损害。

在 20 世纪 70、80 年代,人们越来越认识到白色污染的严重性,开始对包装废弃物进行治理。当时人们采取的对策就是强调回收处理各种包装废弃物,以及研制开发能降解的包装材料。但是,两者相比,更多的国家认为回收处理是减少废弃物等环境污染的主要方向。包装废弃物回收的方式有填埋、焚烧、回收重复使用、回收再生等等,后来又增加了堆肥化处理方式。其中回收利用和回收再生能使包装废弃物回归到生物圈的生态体系中,进行再循环,是一种再资源化的最佳方式。为了使包装废弃物回收处理,不少国家颁布了有关法令法规,如美国、丹麦、德国等。我国在 1996 年也颁布了《包装废弃物的处理和利用》标准。

(二)“3R,1D 说”

到了 20 世纪 80 ~ 90 年代,欧美等发达国家进一步提出了 3R,1D 的包装原则。所谓的 3R,1D 就是:1. 实行包装减量化(Reduce)。绿色包装在满足保护、方便、销售等功能的条件下,应是用量最少的适度包装。欧美等国将包装减量化列为发展无害包装的首选措施。2. 包装应易于重复利用(Reuse)或易于回收再生(Recycle)。通过多次重复使用,或通过回收废弃物,生产再生制品、焚烧利用热能、堆肥化改善土壤等措施,达到再利用的目的。既不污染环境,又可充分利用资源。3. 包装废弃物可以降解腐化(Degradable)。为了不形成永久的垃圾,不可回收利用的包装废弃物要能分解腐化,进而达到改善土壤的目的。当前世界各工业国家均重视发展利用生物或光降解的包装材料。Reduce、Reuse、Recycle 和 Degradable 即是当今世界公认的发展绿色包装的3R和1D原则。这个原则目前被许多国家确定为绿色包装的发展方向。

（三）“LCA说”

到了20世纪90年代，发达国家对绿色包装提出了更高的要求，LCA原则开始实施。LCA（LifeCycleAssessment）的意思就是生命周期评估，生命周期评价的定义为：按照一定的目标要求（减少环境污染或节约资源消耗），从产品的整个生命周期即原材料的提取、生产加工、运输、销售、使用、废弃、回收利用直至最终处理的全过程，主要采用量化比较，对产品的环境性能进行分析研究的方法。所谓量化计算就是对产品的环境性能，即在全生命周期过程中因消耗资源和排放废物对生态造成的破坏和对环境造成的污染用一个“环境负荷”（或称总的环境影响潜力）指针来表示。该指针越大，产品的环境性能（绿色性能）就越差。

生命周期评价和技术框架由四部分组成：

1. 首先对研究的目标和范围进行界定

明确研究的对象和目的，明确研究的范围，人为界定出研究的产品系统边界，并建立起产品系统统一的功能单位，以有利于进行产品环境性能的比较。

2. 清单分析

进行清单分析，是LCA量化分析的开始。清单分析（LCL）即对产品在生命周期各阶段对环境所造成的负担（污染排放或资源消耗）进行量化评估，并列出数据清单。清单分析的步骤：①建立产品系统模型，绘出产品生命周期流程图；②细分流程中的单元过程；③收集产品系统的输入输出资料，即资源消耗和污染排放资料；④进行资料分配，如某工艺同时生产出两种产品时，其输入输出资料可按产品重量进行分配。

3. 影响评价

这是LCA进行量化计算最复杂、最困难的一步。影响评价（LCIA）即对清单分析中列出的各项输入和输出资料对环境造成的影响进行评估。其步骤是：①首先对环境造成的影响进行环境影响类型分类，通常指影响人体健康、生态健康、资源消耗三个方面的环境问题。每个方面均包括一些环境影响类型，如在生态健康下有全球变暖、臭氧层破坏、酸雨、光化学烟雾和水体富营养化等；人体健康下有中枢神经系统效应、生殖系统效应、呼吸系统效应和致癌效应等环境影响类型问题。②特征化，就是将同一环境影响类型的各个影响因子的影响程度进行汇总。通常是选择其中一个影响因子为参照物，再将其他影响因子的影响程度相对于它取当量系数广以量化成相同的单位，然后进行汇总。③量化，为对不同环境影响类型的影响程度进行总的环境影响潜力的汇总，需再进行量化评估。其方法是先确定不同环境影响类型对环境影响的相对大小或称取权重，如有的专家采用目标距离法计算出我国全球变暖、酸雨、富营养化三种环境影响类型的权重系数分别为0.82、0.73、0.74，再汇总即可算出总的环境影响潜力。

4. 结果解释（或称改善评价）

即对清单分析和影响评价的结果进行解释分析，并提出改进的建议。其步骤为识别、评估、结论和建议。对改进后形成的方案，也需再次进行LCA的评价，称为改善评价。

四、绿色包装的定义

绿色包装是在上世纪70年代兴起的，其内涵历经了70年代至80年代中期的“包装废弃物回收处理说”,80 年代至 90 年代初的“3RLD”说,90 年代中后期的“生命周期评价 LCA 说”等三个阶段而不断发展完善。目前,绿色包装的内涵应包含以下五点:

(一)实行包装减量化(Reduce)

绿色包装在满足保护、方便、销售等功能的条件下,应是用量最少的适度包装。欧美等国将包装减量化列为发展无害包装的首选措施。

(二)包装应易于重复利用(Reuse)或回收再生(Recycle)

通过多次重复使用或通过回收废弃物生产再生制品,或对废弃物焚烧利用热能,或通过堆肥化改善土壤等措施——达到再利用的目的。既不污染环境,又可充分利用资源。

(三)包装废弃物可降解腐化(Degradable)

为不形成永久性垃圾,不可回收利用的包装废弃物须能分解腐化,在大自然中自行消融,不污染环境,进而达到改善土壤的目的。为此世界各工业国家均重视发展可降解包装材料。

(四)包装材料应无毒无害

包装材料不应含有毒性的元素、卤素、重金属或含有量应控制在有关标准以下。

(五)包装产品在整个生命周期中,均不应对环境产生污染

包装产品在整个生命周期中,即从原材料采集、加工、制造、使用、废弃物回收再生,直至最终处理的生命全过程均不应造成污染。

前面 4 点应是绿色包装目前必须具备的要求。最后一点是依据生命周期分析方法用系统工程的观点,对绿色包装提出的最高要求。

通过上述分析,对绿色包装可做出如下定义:能够循环复用、再生利用或降解腐化,且在产品的整个生命周期中对人体及环境不造成公害的适度包装,称为绿色包装。

绿色包装系一种理想包装,完全达到它的要求需要一个过程,为了分阶段达到目标,可以按照绿色食品分级标准的办法制定绿色包装的分级标准:

A 级绿色包装:指包装废弃物能够循环复用、再生利用或降解腐化,所含有毒物质在规定限量范围内的适度包装。

AA 级绿色包装:指包装废弃物能够循环复用、再生利用或降解腐化,含有毒物质在规定限量范围内,且在产品整个生命周期中对人体及环境不造成公害的适度包装。

上述分级主要考虑的是解决包装使用后的废弃物问题,这是当前世界各国保护环境关注的热点,也是促进发展绿色包装的主要内容,并在此基础上再进一步解决包装生产过程中的污染,实行清洁生产。

第二节 包装资源的合理利用

一、物流包装资源的分类

根据物流包装材料的来源、性质可分为:

(一)木材类

木材是重要的包装材料,树木是木质材料的来源。树木是由轴向及径向排列的细胞组成

的多孔性、湿涨干缩、导热和导电性低、易加工、易开裂变形、易腐、易燃，系多孔性、三维结构、各向异性的有机生物复合材料。分为针叶树材和阔叶树材二类，国外称前者为软材、后者为硬材。木材作为包装原材料历史悠久，目前仍占重要地位，它具有质地轻、有一定弹性、加工价格低廉等优点。木制包装材料，一般用于外包装。因为木材具有抗压、抗震、抗挤、抗冲撞能力。由于木材资源极为有限，为了节约木材，除了采用框架式包装方式外，改用塑料、复合材料、胶合板材料进行包装越来越普遍。

（二）纸类

将在水中悬浮的纤维用细致的帘模抄起滤除水分后，留于帘上绞结的纤维薄层经揭下干燥，即成为纸。我国是纸的发明国，同时也开辟了用纸做包装材料的先河。直至现在，纸还占包装材料的40%左右。利用纸进行包装的商品非常广泛，用量最多，品种最杂，这是由于纸包装材料耐摩擦、耐冲击、质地细腻、容易粘合、无味、无毒，价格相对较低的缘故。比如瓦楞纸纸箱之所以广泛利用，是因为它重量轻、耐冲击、容易进行机械加工和回收，价格也便宜。纸作为包装材料，既方便又灵活，包装物可大可小，形状可多可少，如果包装纸经装帧设计效果会更好，包装纸回收后还可再生利用。

（三）塑料类

塑料是指以树脂（或在加工过程中用单体直接聚合）为主要成分，以增塑剂、填充剂、润滑剂、着色剂等添加剂为辅助成分，在加工过程中能流动成型的材料。大多数塑料具有质轻、化学稳定性好、不会锈蚀、耐冲击性好、具有较好的透明性和耐磨耗性，绝缘性好，导热性低，一般成型性、着色性好，加工成本低等特点。塑料包装材料有：聚乙烯、聚丙烯、聚苯乙烯、聚氯乙烯以及钙塑材料等。聚乙烯又分为高压聚乙烯、中压聚乙烯和低压聚乙烯三种，其中，高压聚乙烯制成的薄膜，因透气性好、透明结实，适用于蔬菜、水果的保鲜包装。聚丙烯的优点是无毒，可制成薄膜、瓶子、盖子，用于食品和药品包装。聚苯乙烯可用来制作罐、盒、盘等包装容器和热缩性薄膜，发泡聚苯乙烯塑料，大都用来作包装衬垫和内装防震材料。聚氯乙烯可以用来制作周转塑料箱和硬质泡沫塑料，但在高温下可能分解出氯化氢气体，有腐蚀性。钙塑材料可用来制造钙塑瓦楞纸板、钙塑包装桶和包装盒等。

（四）金属类

金属是具有光泽、有良好的导电性、导热性与机械性能，并具有正的温度电阻系数的物质。饮料、煤气、天然气等液体和气体一般用金属片和金属板作包装材料，其中，镀锡薄钢片，俗称马口铁和金属箔两大品种用量较大。马口铁坚固、耐腐蚀，容易进行加工，而且防水、防潮、防摔，利用十分广泛。金属箔，即金属压成的薄片，适合奶油、乳制品、糖果和肉类食品的包装。

（五）玻璃、陶瓷

玻璃是一种人工制造富含二氧化硅的无机物，通过熔融、冷却后形成固体状态，内部没有结晶的均质体物质。陶瓷是用陶土和瓷土这两种不同性质的粘土为原料，经过配料，成型，干燥，焙烧等工艺流程制成的器物。用玻璃或陶瓷材料制成瓶、罐、坛子，用来盛装食品、饮料、酒类、药品等十分适宜。因为玻璃和陶瓷不仅不怕腐蚀、强度高，而且能进行装潢和装饰，可以重复使用，有利于促进销售。

（六）复合材料

复合材料是由两种或多种性质不同的材料通过物理和化学复合，组成具有两个或两个以上相态结构的材料。该类材料不仅性能优于组成中的任意一个单独的材料,而且还可具有组分单独不具有的独特性能。复合材料按用途主要可分为结构复合材料和功能复合材料两大类。结构复合材料主要作为承力结构使用的材料,由能承受载荷的增强体组元(如玻璃、陶瓷、碳素、高聚物、金属、天然纤维、织物、晶须、片材和颗粒等)与能联结增强体成为整体材料同时又起传力作用的基体组元(如树脂、金属、陶瓷、玻璃、碳和水泥等)构成。结构材料通常按基体的不同分为聚合物基复合材料、金属基复合材料、陶瓷基复合材料、碳基复合材料和水泥基复合材料等。功能材料是指除力学性能以外还提供其他物理、化学、生物等性能的复合材料。包括压电、导电、雷达隐身、永磁、光致变色、吸声、阻燃、生物自吸收等种类繁多的复合材料,具有广阔的发展前途。未来的功能复合材料比重将超过结构复合材料,成为复合材料发展的主流。

二、物流包装资源的合理利用

(一)强化绿色包装意识

目前不少企业在对产品进行包装时仍然较多地把注意力集中于对商品使用价值的保护上,而对环保问题却很少考虑。在"绿色浪潮"席卷全球的今天,企业应树立绿色营销观念,进一步认清绿色包装在国际流通领域中的地位和作用。应该清醒地认识到发展绿色包装不但可以降低能耗和物耗,降低成本,减少污染,而且可以提高企业形象,增加消费者对企业的认同感和信任感,从而提高产品的国际竞争力。

(二)充分利用可回收容器

我国人口众多,包装废弃物总量高,给生态环境造成严重污染。另外我国还是发展中大国,经济实力不强、人均资源不足,然而废弃物利用率却很低,纸的回收率仅为15%。与此同时,我国每年却用大笔外汇进口数十万吨纸浆,造成资源浪费的同时导致外汇流出。为解决这一问题,在物流包装中应广泛采用可回收容器。可回收容器一直是物流系统的一部分,大多数可再利用的包装品为钢或塑料包装等。不过,有一种趋势是,对于许多小物品及零件,例如调料,也使用可回收保障材料运输于各厂之间以及仓库到零售商店之间。可回收包装的使用越来越普遍,它们均有一个共同点:均有一个完整的标记系统以控制容器的流传。在可回收包装系统中,各方必须明确地使用这种标记以达到容器的最大化使用。否则,容器会丢失、误放或被遗忘。

(三)包装模数化

包装模数是包装容器长和宽的尺寸基数。确定包装基础尺寸的标准,即包装模数化。包装模数标准确定以后,各种进入流通领域的产品便需要按模数规定的尺寸包装。根据包装模数设计的包装容器能较好地利用储存和运输空间。模数化包装利于小包装的集合,充分利用集装箱及托盘装箱、装盘。包装模数如能和仓库设施、运输设施尺寸模数统一化,也利于运输和保管,从而实现物流系统的合理化。

(四)工业物流成组化

工业包装,通常将个别商品和零部件箱、包、盒和桶来成组化以提高操作管理的效率。这些容器用来使零散商品成组化,组成MCS,当MCS成组为更大的单元时,就称作集装化或成组化。成组化基本方法包括刚性容器形成单位载荷的成组化方法和承载工具的成组化方法。集装化包括了从将两个MCS捆在一起的成组化到使用专门的运输设备成组化的所有形式。所有类型的集装化都有一个基本目的,那就是提高材料搬运的效率。并能节省包装能源、防止产品泄露和污染环境,从而达到绿色包装的目的。

(五)开发新的包装材料和包装器具

从我国的出口包装上看,存在的问题是材质差、衬垫不良、运输捆扎不合理和外观不清洁以及卫生标准不过关等。面对国际市场上的绿色包装要求,必须大力推进包装科技的开发。我国纸的成本高于塑料,使包装的环保要求与企业利益发生矛盾,环境保护与经济增长之间产生矛盾。解决这一矛盾就必须增大科技含量,改进技术,降低成本。目前我国塑料、橡胶等工业发展很快,新生原材料一直在降价,而再生企业回收利用技术落后,加之收集运输费用居高不下,造成成本越来越高,二者之间的差价越来越小。因此,我们要不断致力于新技术、新工艺的研究开发与利用上,加快改进回收利用技术,降低再生原料成本,开发研制绿色包装材料,以便在更远的将来更有力地占领市场。

第三节 物流包装废弃物的管理

一、物流包装废弃物对环境的影响

包装工业是我国国民经济的主要产业之一,近十几年得到了持续高速的发展,建成为拥有纸包装、塑料包装、金属包装、玻璃包装、包装材料、包装机械6大现代门类的工业体系,包装产值以每年18%的速度高速增长,品种规格繁多,2005年产值超过3000亿;在国民经济中所占地位从原来的40多个行业中最末几位跃居到第15位,包装工业制品产量更跨入世界前5名,使我国成为世界包装大国。包装工业的快速发展大大减少了商品损失,提高了商品价值,为我国GDP增长、市场繁荣、外贸发展作出了重大贡献。同时我们也应该看到,我国包装产品的使用和回收及处理系统不完善,管理手段匮乏,包装废弃物造成了严重的环境污染。包装工业在发展人类物质文明的同时,由于生产粗放、无节制的耗用资源,因而同其他工业一样,甚至更为突出的产生了严重的负面效应,主要的问题是:

1. 大量消耗资源

包装工业产品80%为一次性使用,使用后即成为废弃物,产品生命周期较其他工业产品短很多,而且我国包装产品回收利用率低,资源二次利用率只相当工业发达国家1/4~1/3;为满足市场需求产品数量大,但由于技术及设备相对落后,因此资源浪费也更大,在所耗用资源中,石油、石英砂、铁铝矿石均属不可再生资源,纸浆和木材取自我国十分缺乏的森林资源,因而包装工业是一个典型的资源耗用型产业。

2. 污染环境严重

据统计,2004年我国的包装废弃物总量达1500万吨,若以经济增长率同步增长计算,未来10年全国包装废弃物的总量将达到1.5亿吨,仅占地面积将达6万公顷,对环境造成了严重危害,不断加剧了生态环境的恶化。在工业国家包装废弃物在重量上已占城市固废物的1/3,随着经济的发展和人民生活水平的提高,包装废弃物还在以每年10%的速度递增;尤其是由发泡塑料、手提袋等不可降解的塑料包装废弃物造成的“白色污染”更成为社会一大公害。美国“包装”杂志在上世纪90年代的一次全国性民意调查表明,包装废弃物已成为在水污染、海洋污染、大气污染之后,影响公众生活的第四大污染。

二、加强物流包装废弃物管理的重要意义

(一)加强物流包装废弃物管理,走可持续发展道路

可持续发展战略是指社会经济发展必须同自然环境及社会环境相联系,使经济建设与资源、环境相协调,以保证社会实现良性循环发展。在社会文明程度日益提高的今天,经济的发展必须建立在维护地球环境的基础上。当代对资源的开发和利用必须有利于下一代环境的维护以及资源的持续利用。我们加强物流废弃物的管理,一方面,通过包装材料的合理利用、包装工业生产工艺的创新,可以节约资源,减少对自然资源的过度开采和利用,更好保护自然环境;另一方面,通过使用绿色环保包装材料、回收处理物流包装废弃物,减少对环境的污染,为子孙后代留下碧水蓝天,走一条可持续发展的道路。

(二)加强物流包装废弃物管理,建设美好的和谐家园

建立和谐社会和美好家园,是全人类的共同理想,也是全人类共同的历史责任。我们只有一个地球,保护好环境,就是保护好我们的家园。人类发展经济的目的就是为人类创造一个美好的生存环境,从这一目的出发,我们加强物流废弃物的管理,就可以减少对环境的污染和对地球的破坏。地球和环境保护好了,就可以达到人与自然和谐的境界。

(三)加强物流包装废弃物管理,是物流企业适应经济全球化的需要

随着经济全球化的发展,一些传统的关税和非关税壁垒逐渐淡化,环境壁垒(绿色壁垒)逐渐兴起。我国是一个生产大国,绿色物流包装已经成为我们打破发达国家绿色壁垒的重要手段。我国物流企业要想在国际市场上占一席之地,加强物流包装废弃物的管理,发展绿色物流包装,将是其理性选择。

(四)加强物流废弃物的管理,可以促进物流包装工业的良性循环

物流包装作为现代新兴行业,有赖于社会化大生产的专业分工和经济的高速发展。21 世纪,人类面临人口激增、环境恶化、资源短缺的三大危机,绿色物流将备受关注。因此,物流包装企业要发展,一定要与绿色生产、绿色营销、绿色消费紧密衔接。我们加强物流废弃物的管理,利用新的技术,加大物流废弃物的处理和综合利用,可以促进物流包装工业的健康发展。可见,绿色物流包装是物流企业发展的必然选择。

三、物流包装废弃物管理的主要内容

(一)物流包装生产过程中废弃物管理的主要内容

1. 协调发展生产与保护环境的关系,制定环境保护规划,促进经济发展,不断改善环境质量,建设清洁、良好的生产和生活环境;

2. 贯彻执行国家和地方的环境保护方针、政策及各项规定,建立和督促执行本企业的环保和生产废弃物管理制度;

3. 进行环境监测,掌握企业污染状况,对环境质量进行监督,分析和整理监测数据,及时向有关领导及部门通报有关监测数据,对污染事故进行调查,提出处理意见;

4. 充分利用资源与能源,做好“三废”综合利用,采取综合措施防治污染,使企业产生的污

染影响符合地区的环保要求；

5. 组织开展环境保护技术研究，进行技术改造，使用新能源、新工艺、新材料，降低能耗。同时，搞好环境保护的宣传和教育工作，提高环境保护的自觉性。

(二)物流包装制品在使用过程中废弃物管理的主要内容

1. 实行物流包装减量化

"减量化"原则是绿色包装的重要原则，它是指在产品的生产领域，在产品的设计、制造工艺及原材料使用上，在满足产品的功能性能及耐用性的条件下，以尽可能减少资源使用和对生态环境的污染为原则，即废弃物源头控制原则。对包装容器而言，首先，在选择包装材料上，应尽可能选择非短缺资源和可再生利用的材料；其次，在包装设计上，在满足包装作用的条件下，尽可能减少包装材料的数量，节约包装材料资源，从源头上减少包装废物的产生。

2. 尽量做到包装废弃物的"再利用"

包装废弃物的"再利用"原则，是指尽可能延长物品的使用寿命和重复使用次数，防止物品过早地被废弃。对于包装容器而言，在设计包装容器时，应优先考虑容器的可重复使用功能，另外，还应考虑其坚固耐用性，延长包装容器的使用寿命，提高容器的重复利用率，如果将容器包装的使用寿命延长一倍，就相当于减少了一半的包装废弃物。如：2002 年 4 月日本积水化学工业公司向市场上推出的一种食品配送容器，这种采用新技术制造的容器的可重复使用次数能达到 300 次，因此，使用这种容器，可以将食品配送容器的废弃物处理费用降低到原来的 1% 左右。像玻璃、塑料容器和纸板箱等，应尽可能采用坚固耐用包装工艺技术，提高回收后的可重复使用次数，防止一次使用后作为垃圾排放。

3. 包装废弃物的管理应遵循"再循环"原则

要求尽可能地通过对"废物"的再加工处理(再生)使其作为资源，制成使用资源、能源较少的新产品而再次进入市场或生产过程，以减少垃圾的产生。包装废弃物资源化的途径有两种：一是原级资源化，这是最理想的资源化方式，即将消费者遗弃的包装废弃物资源化后形成与原来相同的新产品。比如将废旧包装纸袋经过加工处理再生为新的包装纸袋、将废旧包装铝罐变成再生包装铝罐。二是次级资源化，这是一种将废弃物用来生产与其性质不同的其他产品原料的资源化途径。例如，建立白色发泡旧餐盒的回收机制，按照"切割—清洗—烘干—加温—熔化—抽丝—切片"的工艺过程，回收白色发泡餐盒材料，生产出学生用的尺子、三角尺、生活用容器等，使原来生产工艺成熟、使用方便但由于保护环境原因而要禁止使用的材料，存在着生存空间。

4. 逐步建立限期淘汰和强制回收制度

建立健全国家包装废弃物管理的法律法规，对那些浪费资源、污染环境的生产技术、工艺、设备和产品(如 EPS 发泡材料、一次性塑料软管、非降解塑料袋等等)实行限期淘汰制度。要制定并发布限期淘汰的产品名录，使其在规定的期限内不得再生产、销售、进口、使用和转让。逐步建立制定强制回收制度，促进包装废弃物的回收利用，推动企业实施清洁生产。

5. 坚持宣传引导，努力提高全社会环境保护意识

加强包装废弃物管理工作是推进我国经济可持续发展的基本举措之一。要提高包装废弃物的利用率，就必须运用广播、电视、报纸、杂志、网络等各种宣传教育手段，不断增强人们的自觉参与意识，增加包装材料的使用次数，减少包装废弃物的产生，提高包装废弃物的回收、利用效率，减少包装废弃物及其他废弃物对环境造成的压力和危害。

第四节　包装废弃物的回收处理及综合利用技术

一、纸包装废弃物的回收处理和综合利用技术

科学家将丢弃的各种废纸、废木材纤维和木材废料称为“第四种森林”。其中,废纸是指使用过的纸和纸板,以及相关行业使用纸和纸板时的边角余料等物料的总称,或称“二次纤维”。废纸的再生利用顺应了世界绿色包装的发展潮流,与环境治理及资源保护有直接关系,具有良好的经济效益和社会效益。纵观世界,废纸的再生利用虽然主要用于生产再生纸的纸浆原料,但各国都在为了更有效地利用废纸,极力探索研究废纸利用的新途径(如生产包装及建筑材料、改善农牧业生产、生产甲烷、制造铅笔杆等),并取得了很大的进展。废纸再生在包装领域的应用主要体现在以下几个方面:

(一)利用废纸和旧纸板造纸

废纸→收集分类→粉碎→疏解→净化→筛选→脱墨→除杂→打浆→纤维分级→纸浆→纸料,这是国内外利用废纸和旧纸板造纸的常用工艺。

废纸回收处理的两个关键技术是除去杂质及脱墨、废纸复抄适应性的恢复。废纸制浆造纸可以减轻污染,但废纸在脱墨的过程中污染还是比较严重的。一般去除油墨,先用化学法溶解,再通过机械洗浆,从纸浆中除去油墨,如果要求再生白色纸浆,还应包括漂白和漂洗。为了防止废纸循环而降低纸张强度,需要改善废纸复抄适应性的恢复。一般采用除掉部分细小的纤维或利用纸张增强剂、助滤剂、助留剂等,也可采用高分子补强剂使纤维粘合代替纤维间的氢链结合,以增加纸的强度。

(二)利用废纸和旧纸板生产纸浆模塑包装制品

纸浆模塑工业在一些较发达国家已有近百年的发展历史,随着造纸由传统的作坊式生产成为世界性的大工业生产,各种纸和纸制品深入到人们生活的各个方面,纸浆模塑制品也得以迅猛发展。纸模工艺比发泡塑料简单,生产时间及周期短,能耗和原料成本低,防静电、防腐蚀、防震性能优于发泡塑料制品,并且可以循环再生,废弃后在自然环境中会类似于植物自行腐烂分解,不会对环境和回收造成障碍,受到了广大消费者的青睐。

利用废纸和旧纸板生产纸浆模塑包装制品工艺是将废纸和旧纸板通过制浆、除杂、模塑成型、干燥的加工工艺,就可以制成各种各样的纸浆模塑包装制品。如容器、托盘、护罩、工业用缓冲包装类制品,可与瓦楞纸箱配套使用,便于长途运输中防震缓冲。用废纸为原料生产的包装、衬垫、充填材料可以替代发泡泡沫塑料。纸浆模塑工业虽然在中国仅有十几年的历史,发展却非常迅速,原因有二:其一,纸模制品本身在环保、价格、性能等方面比替代品有显著优势。其二,政府的大力扶持和世界大环境的影响。目前,我国的纸浆模塑工业无论是生产工艺、产品性能,机械设备,还是生产规模都处于世界前列。

(三)利用废纸和旧纸板生产新型材料

1. 新型缓冲材料

包装常用的缓冲材料主要有:纤维类物质(木丝、纸、纸浆、稻草、麦秆、合成纤维等)、动物纤维类物质(猪鬃、羊毛、毛毡等)、矿物纤维类物质(玻璃纤维、石棉、矿物纤维等)、气泡结构

物质(天然橡胶、合成橡胶、泡沫塑料、气泡塑料薄膜等)、瓦楞纸与皱纹纸、缓冲装置(弹簧、悬挂装置等)。利用废纸制成的典型缓冲材料是纸浆模塑制品,为了提高其缓冲性能或简化制作工艺,各国专家做了很多研究,主要成果如下:日本某公司用废纸制成具有许多成型的、断面为半球状空气层的新型缓冲包装材料,其直立性、折叠性都很好,且缓冲性能不亚于常用的PSP材料,能适应多种商品的包装设计,还可通过变换膜片厚度以调节强度。美国E－tech公司利用废纸制成方块形的缓冲包装材料,充填在易损货物如鸡蛋周围,使物品在箱内不能移动,避免物品受损。此材料与泡沫塑料相比,在填充使用中更为方便、快捷、无毒。德国汉堡某公司将废旧纸张切碎后与淀粉混合在一起,将这种浆状物质制成颗粒,放入密封的容器中,施加高压和高温蒸汽,然后急速减压,颗粒包装便起泡沫,形成多孔的小球制成泡沫包装材料。此产品的成本低于聚苯乙烯,抗冲击性能优于聚苯乙烯,而且废弃后能很快被微生物和真菌分解,不污染环境。

2. 型复合材料

复合材料是指几种材料结合为一体,成为功能更优的新材料。常见的纸塑复合材料(原纸和塑料薄膜)、纸铝塑复合材料(原纸、高压低密度聚乙烯、铝箔等)都是以原纸为原料制成的复合材料。而美国专家将废旧报纸用涡轮研磨机磨成粉末,再将废纸、聚丙烯、高密度聚乙烯树脂、乙丙橡胶等混合物料颗粒化,并注入开孔注入式成型机中成型为新型复合材料。利用废纸生产的这种复合材料,热稳定性及防火性优于一般树脂,机械性能优于某些合成树脂材料,成型能力较好,并且收缩性小,在空气中不吸潮,外型稳定性好。

3. 新型包装容器

利用废纸一般可制成玩具盒类低档包装盒,新型纸包装容器的研究成果主要表现在:日本花王公司将废纸放入水中浸泡,再用打浆机打成纸浆,然后将纸浆注入金属模具中成型,干燥后制成可盛装粉末状固体物的包装瓶。如果用来盛装液体洗发水等,则需要在包装瓶表面涂一层薄薄的石料涂层进行防水处理。山东华林纸业有限公司以牛皮纸、箱板纸及瓦楞等废纸为原料,在生产过程中将纱线大面积埋入纸浆中一次成型为包装纸袋。此产品透气性好、强度高、无毒无污染、可回收利用,主要用于粉粒状物料的包装及制作购物袋和小邮政袋等。美国LongView纤维公司用回收的牛皮纸生产出一种高质量的带柄零售包装纸袋,具有原牛皮色、漂白及其他颜色的纸袋可进行三色到四色印刷,使用周期长,并可以生物降解。德国某公司将回收的旧书报纸切碎成条,再碾成纤维状纸浆,使其和面粉以2 ：1的比例混合后注入挤压机压成圆柱颗粒。在挤压过程中,原料受水蒸气作用发泡,形成泡沫纸。再用发泡颗粒纸作为原料,根据需要生产不同形状的包装制品。泡沫纸不仅可以作为包装材料,还可以开发成绝缘材料和建筑材料。日本工业技术研究所将废纸粉碎到5mm以下,与淀粉浆糊混合制成直径1－3mm的粒子。将粒子吹入处于开启状态的金属模后再关闭金属模进行加压加热,浆糊中含有的水分在加热过程中从通气孔排出,可制作具有更好生物分解性的包装制品。

二、塑料包装废弃物的回收处理和利用技术

世界合成树脂的产量已达2亿吨,大量消费后塑料的处理问题已成为当今地球环境保护的热点。目前,消费后塑料的处理有下述几种途径:

(一)卫生填埋法

卫生填埋作为目前最常见的垃圾处理方法,具有投资少、处理费用低、处理量大、操作简便

等特点，在世界上许多国家得到广泛应用，如美、英等国生活垃圾处理都以卫生填埋法为主。我国80%以上的垃圾仍采用露天堆放和直接填埋的简易填埋法。但卫生填埋也存在大量二次污染问题，废旧塑料填埋处理由于长期不腐烂，影响通透性和渗水性，破坏土质，影响植物生长，如不妥善处理，会对周围的水体、大气和土壤造成严重污染。同时，填埋法占用大量土地资源，造成大量资源浪费。

（二）焚烧处理法

塑料焚烧转变为热能对于劳动力昂贵的发达国家，是经济上可取的方式，但焚烧炉投资较大，适合于垃圾中塑料比例较大的大中城市。塑料焚烧后可减少90%的体积和80%的重量，热值一般为83kJ/kg，接近燃料油。用废聚丙烯塑料焚烧回收热能的方式主要有两种：

1. 使用专用焚烧炉焚烧废塑料回收热能，所用的焚烧炉有流动床式燃烧炉、浮游式燃烧炉、转炉式焚烧炉等；

2. 将废塑料作为补充燃料与生产蒸汽的其他燃料掺混使用，这是一项可行而又比较先进的能量回收技术。焚烧回收热能虽然可以处理大量废旧塑料，效率高，但对设备和技术的要求高，成本比较高，另外废塑料焚烧易产生二恶英、氯化氢和重金属等剧毒物质，容易引起二次污染。而有毒气体进一步处理，则后续流程很长，综合经济成本较高。

（三）热解处理法

热分解技术的基本原理是，将废旧塑料制品中原树脂高聚物进行较彻底的大分子链分解，使其回到低分子量状态，而获得使用价值高的产品。该技术可分为高温分解和催化低温分解，前者一般在600℃～900℃的高温下进行，后者在低于450℃甚至在300℃的较低温度下进行。该技术是对废旧塑料的较彻底的回收利用技术。高温裂解回收原料油的方法，由于需要在高温下进行反应，设备投资较大，回收成本高，并且在反应过程中有结焦现象，因此限制了它的应用。而催化低温分解由于在相对较低的温度下进行反应，因此研究较活跃，并取得了一定的进展。热解法需要的温度高，能耗大，生成的烃类沸点范围宽，回收利用价值低，且存在易发生碳化堵塞管道、工艺不易控制、处理时间长等缺点。

（四）再生利用法

废塑料的再生利用可分为直接再生利用和改性再生利用两大类。直接再生利用是指将回收的废旧塑料制品经过分类、清洗、破碎、造粒后直接加工成型。改性再生利用是指将再生料通过物理或化学方法改性（如复合、增强、接枝）后再加工成型。经过改性的再生塑料，机械性能得到改善或提高，可用于制作档次较高的塑料制品。

1. 废旧塑料的直接利用

废旧塑料的直接利用是不需要进行各种改性，直接将废旧塑料经过清洗、塑化加工成型或与其他物质经过简单加工制成有用的制品。废旧塑料的这种直接再生制品已经广泛应用于农业、渔业、建筑业、工业和日用品等领域，在我国目前的废塑料回收水平下，废旧塑料的再生利用仍然具有广阔的前景。随着我国农膜、棚膜使用量的与日俱增，废旧农膜量的回收利用也越来越受到国家及各地方政府的关注。目前对废农膜的直接利用法有：开炼法塑化与模压成型等。其可以用来压制花盆、盘、垃圾桶等产品，达到废品回收利用的目的。

2. 废旧塑料的改性再生利用

为了改善废旧塑料再生料的基本力学性能，满足专用制品的质量要求，可以采取各种改性方法对废旧塑料进行改性以达到或超过原塑料制品的性能。对废旧塑料的改性再利用是很有发展前景的途径,越来越受到人们的重视。(1)共混增容改性回收技术。这种回收技术主要是将废旧塑料与其他塑料或物质共混,来提高废旧塑料的力学性能,制成有用的制品。据研究报道,在废旧PP中掺入质量分数为10%~25%的HDPE,其改性后的共混物的冲击强度比PP提高了8倍,且加工流动性增加,可适用于大型容器的注塑成型。(2)化学改性回收利用技术。用化学改性的方法把废旧塑料转化成高附加值的其他有用材料,是当前废旧塑料回收技术研究的热门领域。

(五)废旧塑料与其他材料复合技术

废旧塑料的性能虽然有所降低,但其塑料性能还是存在的。可以将废旧塑料和其他材料复合,形成具有新性能的复合材料。例如,利用回收农膜与木屑复合制成塑质木材,抗折强度为20.8MPa,该材料除了具有与天然木材一样可锯、刨、钉、粘等性能外,还具有耐潮、防蛀等优点,而且制造的灵活性强,既可挤压成板材、型材,也可一次模压成产品。采用稻草秸秆,经粉碎、表面处理后与聚丙烯(PP)塑料复合制备秸秆/塑料复合材料。这将不仅让秸秆可望带来良好的经济效益,而且能节约紧缺的木材资源,是一种行之有效的废旧塑料处理利用方法。

三、玻璃包装废弃物回收处理和综合利用技术

玻璃包装废弃物回收处理相对其他包装废弃物来说容易得多。废玻璃经处理后可制成玻璃,高质量的、在建筑或预制构件中使用的绝热材料等,经济效益和社会效益特别明显,世界许多国家都积极倡导玻璃包装废弃物的回收利用。

(一)玻璃瓶罐清洗消毒再使用

玻璃瓶罐表面光洁、中性,不需加敷涂料,易清洗,易重新封口。如果使用周转得当,一个瓶罐可以反复使用十次左右。回收的空瓶罐只要认真清洗、消毒,如有压力要求可作一下压力测试后即可重复使用。玻璃瓶罐的再使用关键在于洗瓶和消毒。玻璃瓶罐的内外都要洗干净,而且要保证一定的清洗速度。为了保证玻璃瓶罐的清洗质量和速度,必须采用机械设备。至于玻璃瓶罐的消毒杀菌,要根据内装物的要求选择消毒杀菌工艺,然后再确定其消毒杀菌液和机械设备。

(二)玻璃包装废弃物的回炉处理

玻璃包装容器如果不能再使用,已经破损或者已经成为碎片,都可以进行回炉处理。回炉处理不仅可以节省生产玻璃的原材料和纯碱,节省能源和时间,而且还可以起到助熔剂的作用。碎玻璃回炉再生产是近20多年科学技术进步的结果。在这以前,各玻璃工厂对掺入碎玻璃的量控制在10%以内,其原因是回收来的碎玻璃很脏,而且夹着各种杂物,如铁、铝、纸、塑料、软木塞、石头和碎瓦片等,而且碎玻璃自身成分又复杂,粒度也不均匀。碎玻璃回炉再生产要严格把好三大关:其一是前期处理关,必须对回收来的碎玻璃进行认真分拣、洗、碎和调配处理,才能保证玻璃的质量;其二是做好配料关,对作原料的碎玻璃要作严格的成分化验、分析,并将其作为实用工艺配方的依据;其三要把好制作关,根据具体情况制定生产工艺,并严格按工艺规定进行实际操作。

(三)利用玻璃包装废弃物开发新产品

随着科学技术的不断进步,人们可以利用玻璃包装废弃物开发出许多新的产品,满足社会生产和生活的需要。现在,我们利用玻璃包装废弃物开发出微晶玻璃、泡沫玻璃、玻璃微粒、玻璃纤维、玻璃肥料、公路路面复面层、新型建筑材料(如玻璃马赛克、人造大理石、人造花岗岩)

等。这些新产品有利于我们节约资源，走循环经济发展的道路。

四、易拉罐回收处理技术

我国每年至少产生16万吨废易拉罐，另外还有少量的进口废易拉罐，总量在20万吨以上。易拉罐已经成为我国包装废弃物的重要组成部分。我国是世界上废易拉罐回收率较高的国家，国废铝易拉罐的回收率为85%左右，与国外相比并不逊色。同时，又是世界上废易拉罐利用档次较低的国家。回收的废易拉罐(包括进口的废易拉罐)都被降低档次使用。

废易拉罐的回收利用始于上世纪60年代的美国，最早是将散装的废易拉罐直接加入炉中融化，烧损较大，进而把废易拉罐打包，提高其密度，减少表面积，金属回收率有所提高，但产品仍是再生铝锭。上个世纪80年代之后，美国、加拿大以及西欧的一些国家开始利用废易拉罐生产原牌号的合金铝锭。易拉罐的罐身、罐盖、拉环所含的元素成分均不同，目前还没有一种简单、经济的方法将易拉罐的三种不同成分的合金分开，只能采用全部重熔的方法得到含有较多合金成分的重熔铝锭。废易拉罐的利用最难的问题是漆层问题，利用废易拉罐生产铝合金的主要技术问题是预处理，发达国家拥有先进的预处理技术和设备。他们的做法是采用比较先进的自燃回转窑脱漆，使漆层炭化，并在无污染的情况下得到处理，由于脱掉了漆层，简化了熔炼程序，提高了产品质量。而我国易拉罐的再利用主体是分散的小熔炼作坊，没有专门的预处理设备，不进行脱漆工序，主要采用小坩锅炉进行，设备简陋，工作环境差，但铝熔炼回收率并不低。经过了解，这些小作坊技术手段虽然落后，但熔炼回收率可达85%～90%。

第五节　物流包装废弃物的综合治理及我国发展绿色包装的对策

一、物流包装废弃物综合治理的状况

物流包装对环境的污染已成为世界性的问题，综合治理已经到了刻不容缓的时候。在国内外节约资源、保护环境的呼声越来越高，绿色包装在许多国家得到认可并迅速兴起。进入21世纪，物流包装废弃物的回收处理及综合利用技术日趋成熟，无污染的绿色包装有了较大的发展，世界各国治理包装废弃物的方法基本趋向4R(Reduce、Reuse、Recycle、Recover)，即降低用量、再生、回收及资源恢复。

(一)反对过度包装，减少包装废弃物，节约资源

过度包装已经成为物流包装工业的一大公害。所谓的过度包装，通常是指包装价值与被包装的物品价值不相匹配，包装及其材料的价值与物品的价值相比太高。发达国家已经将反对过度包装作为减少包装污染、节约资源、通向绿色包装的重要途径和方法。英国号召人们不要追求过度包装；日本时兴简易包装，反对包装过剩；美国、加拿大等国家认为，过度包装就是污染环境。甚至有些国家开始通过制定政策法规限制过度包装，广泛开展简易包装的宣传教育活动。而人们开始自觉抵制过度包装。

(二)加强对包装废弃物的管理力度

许多国家为了维护本国生态环境不受污染，已经认识到行政干预和法律干预的重要性，纷纷制定了与包装有关的法律法规，依法管理物流包装制品的生产、流通和使用，减少物流废弃物对环境的污染。各国立法一般着重于三个方面：一是各类包装容器生产有法可依；二是禁止使用对包装物品和人体有害的包装材料；三是制定各种包装材料再循环使用的目标。各国就

包装方面的立法都有一个共同的原则,就是包装生产和消费部门必须对其产品或服务造成对环境问题真正负起责任,从而政府就可以在宏观上切实加强对包装废弃物的有效管理。例如,美国这方面的法律包括:增加包装税收与弃置费用;包装废料处理付以高额费用;包装材料回收率玻璃达到65%,废纸达到40%等等。

(三)综合治理物流包装废弃物从包装设计开始

包装设计是影响包装的重要环节,是能否实现合理包装和绿色包装的前提条件。因为在包装设计过程中,我们很好地遵循4R原则,充分考虑有利于包装废弃物的综合治理,就可以简化包装,避免使用有害的包装材料,有利于实现绿色包装。所以,近年来许多国家都在提倡包装设计先行的理念和方法。这些方法主要有:(1)在物流包装设计中采用不含有害物质的包装材料;(2)设计出可重复使用的包装,即设计出来的包装可以有效回收再用,尽量减少包装废弃物;(3)用包装废弃物作为原料生产物流包装制品。

(四)塑料也由"包装革命"的主角变成了"白色污染"的主要源头

塑料的发明使用,曾经为包装工业带来了一场革命。然而,塑料由于难以降解,给环境带来了越来越严重的"白色污染",成为一种社会公害,在环境保护的大潮中成了众矢之的。例如,英国在公共场所禁止使用非降解塑料容器;美国从1990年起对含有破坏臭氧层化学成分的产品课税;德国1990年立法各地塑料包装必须是可回收的。为了解决"白色污染"产生的危害,国际上大力研制开发可降解塑料包装材料,美国已经建成数条可降解塑料生产线;英国已经研制出8~12周即可完成光降解的塑料;日本研制开发出无毒可降解塑料,适用于医药、食品的包装;我国也相继研制出光生物及光和生物双解塑料薄膜。

(五)建立物流包装回收机构,提高回收处理技术

为了有效回收处理物流包装废弃物,各个国家都相继建立健全各种包装废弃物回收处理机构。例如,1988年美国就成立了"塑料容器利用协会",促进塑料容器的回收利用;日本1976年成立了"塑料有效利用协会",促进和普及塑料再生制品的发展。同时,为了提高物流包装废弃物的回收利用技术,许多国家投入了大量的人力、物力、财力进行技术创新。例如,美国1985年建立了"废旧塑料研究基金会"及"塑料回收研究中心";日本开发出废塑料与沙子混合而成的新型铺路材料;我国也研制出利用废聚酯生产不含饱和聚酯原料等等。

二、我国物流包装废弃物综合治理需要解决的主要问题

(一)加大立法力度,建立物流包装废弃物回收体系

与发达国家相比,我国物流包装废弃物的综合治理工作还停留在废品回收的初级阶段,物流废弃物的回收利用既无立法,也没有统一标准和规则,与物流包装有关的法规支离破碎地分散在食品卫生法、出口商品法和环境保护法中,还没有强制性的包装废弃物回收处理法规。所以,我国应通过立法,促进物流包装废弃物回收体系的建立。(1)包装制品的生产、流通及消费者各自承担包装废弃物回收再生的责任,企业应承担与其产品和服务直接相关的包装废弃物处理费用,并对因其产品包装导致的环境污染负责;(2)设置国家资源回收处理与综合利用总公司,负责全国的废弃物回收处理和综合利用;(3)设置统一规范的回收标志;(4)积极推行有偿回收制度,禁止对环境和人体有害的包装材料及一次性包装制品的生产和使用;(5)制定我国中长期物流包装废弃物回收利用再循环的目标。

(二)复用包装的技术问题

物流包装容器的重复使用,不但可以节约大量原材料和能源,而且可以从根本上解决包装废弃物的问题,减少对环境的污染,是我国走节约型循环经济发展道路的有效途径。而我国包装容器重复使用的一些关键技术还比较落后,制约了包装容器的重复使用。所以,我们要结合我国劳动力资源比较丰富的国情,积极学习吸收国外先进技术和管理经验,加大技术创新工作,解决我国包装容器重复使用的难题,促进我国包装废弃物回收产业的发展。

(三)制定回收再生的各种标准

标准化是国民经济发展的基础性工作,物流包装废弃物的回收利用同样需要有一定的标准,这样才能够使包装废弃物回收产业规范化发展,提高我国废弃物再生利用整体水平。而我国现在这方面的标准还没有建立健全,不利于我国废弃物回收利用工作的健康发展。所以,我国有关部门要尽快制定物流包装废弃物回收再生的有关标准,使我国废弃物回收再生工作逐步走上标准化和规范化的发展轨道。

(四)制定回收再生的优惠政策

我国是一个人口众多的消费大国,包装废弃物量特别大,废弃物回收利用也是一个劳动密集型的产业,我国劳动力资源丰富,这为废弃物回收再生产业的发展创造了有利条件。但是,我国目前废弃物回收再生产业发展还比较缓慢,一个重要的原因是回收再生产业技术和设备要求高,成本高,利润少。所以,我们要对那些社会效益好而经济效益不够好的废弃物回收再生企业,在资金投入、税收等方面予以优惠政策,加大扶持力度,促进我国废弃物回收再生产业的快速发展。

(五)加强宣传教育,提高全民环保意识

充分利用大众媒体、社区、学校、单位等载体,广泛传播环保理念、废弃物回收标志和法律法规,使全体公民都认识环保的意义,知道废弃物回收再生的方法和途径,使环保意识深入人心,并变成全体公民的自觉行动。只有这样,才能最大限度地减少包装废弃物,最大限度地回收利用包装废弃物,保护好人类共同的家园。

三、我国发展绿色包装的主要对策

我国是一个人口众多的发展中国家,同时也是一个制造大国,和发达国家一样同样存在着严重的废弃物污染问题。包装废弃物已经成为制约我国经济发展的问题之一。近年来,我国对这个问题有了更为清晰的认识,我国在制定十一五发展规划的时候,就明确提出,今后我国必须走节约型循环经济的发展道路。在十一五期间,在经济发展的同时,能源消耗要下降20%。因此可见,发展绿色包装是我国走循环经济道路的必然选择,也是我国现实经济可持续发展的重要举措。

(一)推行绿色包装设计

绿色包装是一个系统工程,其中设计是整个系统的关键环节。因为设计是工程的龙头,设计的成功与否,决定了最终产品的目标是否符合环保及节能的要求。所以,发展绿色包装必须设计先行。绿色包装设计必须坚持如下原则:最主要的原则是要使整个工程系统成为绿色系统,其总系统中的子系统(环节要素)为无污染环节,以此全面的保证最终产品的绿色;第二个原则是生产过程中要节约能源，节省材料，充分利用再生资源；第三个原则是 4R1D 原则，即包装产品要轻量化（Reduce），包装产品可重复使用（Reuse），包装产品可循环再生（Recycle），包装产品可获得新的价值（Refill），包装产品可降解腐化（Degradable）。

（二）发展周转包装

周转包装简单说就是将包装容器重复使用。发展周转包装、回收重复使用是节约原材料、能源、减少包装废弃物的重要措施。现在，许多国家都开始严格控制一次性包装，大力倡导周转包装。我国近年来大力发展集装箱运输，大大节约了资源，减少了环境污染。

（三）开发无污染或少污染的包装材料

随着经济的发展，物流包装必将有较大发展。要解决发展包装产业与环境污染的矛盾，就必须研究开发对生态环境无害或污染程度小的利于资源回收再生的高性能、功能性包装材料来代替传统包装材料，以达到降低包装用材，减少包装废弃物的目的。例如，在五大包装材料中，塑料废弃物最难处理，是最主要的污染源。但是现实中我们又离不开塑料，它在包装材料中每年以 6% 的速度在递增。所以我们必须大力开发无污染或少污染的包装材料。目前我们应该重点开发利用高阻隔陶瓷蒸镀膜和可降解塑料。高阻隔陶瓷蒸镀膜不但具有接近玻璃的高阻隔性而且透明、耐蒸煮，具有较好的微波加热适应性，焚烧后不结块、易处理，可广泛应用食品、药品及电子元件的包装。可降解塑料使用后像纸一样能自然分解纳入大自然物质循环圈，不会对环境造成污染。

（四）严格控制或禁止使用有毒、有害及难降解的包装材料

使用有毒、有害及难降解包装材料，不仅污染了环境，严重的甚至造成对人体的伤害。例如，我国农贸市场大多数用各种有色塑料袋装食品等，长期使用对人体有害，也造成了大量的“白色污染”。现在，世界上许多国家和地区通过立法等手段禁止或限制使用有毒、有害和难降解的包装材料，并且严格控制包装材料中有毒物质的含量。例如，美国有 15 个州禁止使用不能降解的塑料生产鸡蛋包装盒；蒙特利尔协议书还规定全世界到 2010 年禁止氯氟烃的生产和使用。所以，我国从现在开始也要采取各种措施严格控制有毒、有害及难降解包装材料的使用，更好地保护人民群众的身体健康和保护好环境。

（五）实施绿色标志

绿色标志也叫环境标志，它是指包装制品或被包装产品属于绿色产品。一般来说，绿色标志产品具有两个共性；首先，产品在生产过程中，企业对周围环境排放的污染物必须达到国家或地方有关污染物的排放标准。其次，产品的质量和安全性能必须符合国家质量和安全标准。环境标志产品除上述两个共性外，环境标志产品技术要求根据不同产品的特点还制订有一些具体要求，这些要求包括四个方面：第一，对全球环境的保护（主要是对大气臭氧层的保护）：如氟氯化碳替代产品，主要产品有冰箱和发胶等；第二，对区域环境的保护；如无磷洗涤剂和可降解餐盒；第三，对人体健康的保护：如水性涂料、节能低排放燃气灶具、低辐射彩电、本色植物纤维纺织品等；第四，节能、低噪声：如低噪声洗衣机和节能、低噪声房间空气调节器等。绿色标志认证可以根据国际惯例保护我国的环境利益，同时也有利于促进企业提高产品在国际市场上的竞争力，因为越来越多的事实证明：谁拥有绿色产品，谁就拥有市场。

※习题

一、名词解释:

1. 绿色包装

2. 包装数摸化

3. 热处理法

4. 直接再生利用

5. 绿色标志

二、填空题

1. 废弃物能够循环复用、再生利用或降解腐化,所含有毒物质在规定限量范围内的适度包装,就称为____________。

2. 所有类型的集装化都有一个基本目的,那就是__________的效率。

3. 加强物流废弃物的管理,可以促进____________的良性循环。

4. 热分解技术的基本原理是,将废旧塑料制品中原树脂高聚物进行较彻底的大分子链分解,使其回到____________状态,而获得使用价值高的产品。

5. 近年来,塑料也由____________的主角变成了"白色污染"的主要源头。

三、单项选择题

1. LCA(LifeCycleAssessment)的意思就是________。

A. 生命周期评估　　B. 生活质量评估　　C. 环境质量评估　　D. 生产质量评估

2. 利用______进行包装的商品非常广泛,用量最多,品种最杂。

A. 塑料　　B. 金属　　C. 纸　　D. 陶瓷玻璃

3. ______是指尽可能延长物品的使用寿命和重复使用次数,防止物品过早地被废弃。

A."减量化"原则　　B."再利用"原则　　C."再循环"原则　　D. 回收处理

4. 废纸回收处理的两个关键技术是除去杂质及脱墨、_________。

A. 废纸粉碎　　B. 纤维分级　　C. 打浆　　D. 收集分类　　E 废纸复抄适应性的恢复

5. 综合治理——物流包装废弃物从_________开始

A. 处理回收　　B. 思想教育　　C. 物流包装　　D. 包装设计

四、多项选择题

1. 由于世界经济的快速发展,大量消耗自然资源,给世界带来了资源危机。被称为当代三大危机是_______。

A. 环境恶化　　B. 资源短缺　　C. 人口急增　　D. 人口素质下降　　E. 科技落后

2. 物流包装资源的合理利用的途径主要有________。

A. 强化绿色包装意识　　B. 包装模数化　　C. 充分利用可回收容器

D. 工业物流成组化　　E. 开发新的包装材料和包装器具

3. ________已成为影响公众生活的第四大污染。

A. 包装废弃物　　B. 水污染　　C. 海洋污染　　D. 大气污染　　E. 沙尘暴

4. 我国物流包装废弃物综合治理需要解决的主要问题有_________。

A. 加大立法力度,建立物流包装废弃物回收体系

B. 复用包装的技术问题

C. 制定回收再生的各种标准

D. 制定回收再生的优惠政策

E. 加强宣传教育，提高全民环保意识

5. 环境标志产品技术要求根据不同产品的特点还制订有一些具体要求，这些要求包括四个方面＿＿＿＿＿＿。

A. 对全球环境的保护　　B. 对区域环境的保护　　C. 对人体健康的保护

D. 节能、低噪声　　E. 对家庭环境的保护

五、简答题

1. 绿色包装的内涵应包含哪些内容？

2. 物流包装废弃物对环境有什么负面影响？

3. 塑料包装废弃物的回收处理和利用技术有哪些？

4. 世界各国治理包装废弃物的方法有那些？

六、问答题

1. 结合实际，说明我国发展绿色包装的重要意义。

2. 我国发展绿色包装的主要对策。

[思考案例]

●天然材料包装

槲叶是日本、韩国等国家食品的重要包装产品，嵩县生产的槲叶质量上乘，已经逐渐成为日本、韩国等国的最大供应商。截至 2005 年 1～12 月初，嵩县已向日本发出 4 万箱优质槲叶。嵩县柞树很多，于是引导农民从事出口绿色环保食品包装用槲叶的加工销售。日本一半槲叶市场都由嵩县占据。

我国的竹林面积居世界首位，竹类包装具有资源广、无毒无污染、可回收的特点，符合绿色包装材料的选择原则。竹子自身有抗菌性，其抗菌性使竹子在生长过程中无虫蛀、无腐烂，无需使用任何农药。使用竹材料生产餐具或食品包装容器，不仅原材料供应无后顾之忧，而且竹材料餐具或食品包装容器在生产和使用过程中无污染，有利于环境保护。同时，用竹材料制成的餐具或食品包装容器还保留了竹子所特有的自然清香、纯朴色调和刚柔相济的特性。目前应用方式主要有原生态竹筒（酒、茶叶等）、竹编器具（果盘、果盒）等。在我国进一步拓宽竹类包装的使用范围与领域具有深远的意义。（资料来自中国包装网）

●全球食品、酒类、饮料包装发展趋势

1. 追求日益完美的保鲜功能成为食品包装的首要目标。目前，无菌保鲜包装在世界各国尤其是发达国家的食品制造业中极为盛行，英、德、法等国已有 1/3 的饮料使用无菌包装，其应用不仅限于果汁和果汁饮料，而且也用来包装牛奶、矿泉水和葡萄酒等。日本近期研制的以一种磷酸钙为原料的矿物浓缩液渗进吸水纸袋中，蔬菜水果等食品放入这种纸制包装材料中运输，果蔬可从矿物浓缩液中得到营养供给，磷酸钙还能吸收蔬菜水果释放出的乙烯气体和二氧化碳，抑制叶绿素的分解，起到维持鲜度的效果，目前这种技术已经在日本推广应用。美国还推出天然活性陶土和聚乙烯塑料制成的新水果保鲜袋，这种新型保鲜袋犹如一个极细微的过筛，气体和水汽可以透过包装袋流动。试验表明，用新包装袋包装水果蔬菜，保鲜期可增加一倍以上，且包装袋可以重复使用，便于回收。而最新的保鲜技术则是英、德研制开发的在容器和盖子内壁上采用除氧材料，通过这些除氧材料来“吃掉”容器内部多余的氧气，以达到保鲜

和延长产品的保存期的目的。

2. 绿色包装成为一种极为重要的营销工具和手段，食品包装业纷纷采取措施，促进食品包装的生态环保化。发达国家不惜运用高新技术为本国食品行业的绿色包装开创一个新天地，同时，世界各国都把减量、复用回收、可降解作为生态环保包装的目标和手段。在日本，除番茄、草莓和桃子等瓜果外，绝大多数的蔬菜水果不作销售包装，而采用包装的也只用具有特殊功能的保鲜纸作防止水分渗透。复用回收表现在，一方面积极研制新的可重复使用的新型包装材料，另一方面在包装设计上力求选用单一种类包装材料，不使用异种或复合材料，减少群体包装材料之间的结合，或改进包装设计技术，以便消费者能轻易按环保要求拆卸包装并分别投放处理，有利于包装废品回收的分离作业。美国为了易于消费者识别塑料包装材料的性质，使废品回收处理更为简便快速，规定一次性塑料包装材料应标示材料名称及分类代码。目前，许多发达国家均已实现了包装纸模工业的现代化和纸质包装材料普遍推广，如日本连食油也多采用纸包装出售；美国利用大豆蛋白质经添加酶和其他材料的处理，制成大豆蛋白质包装膜，还可与食品一起蒸煮食用，避免食物的二次污染。鉴于塑料材料在食品包装方面无与伦比的地位优势，发达国家都在大力研制可降解的塑料包装材料来取代传统的塑料制品，并有不少产品已成功投入使用，实现了包装材料的突破，为解决"白色污染"带来无限希望。

3. 食品包装开启的便捷程度将更为重要。欧美不少国家在这方面的改进工作主要集中在塑料包装上，其中一个重要的趋势就是在包装诸如优质汤、意大利面酱、果酱和果冻等食品的时候，不再使用玻璃瓶，而改为 PET 材料制造的包装罐，这些包装罐使用安全而且不会破碎，同时侧面还带有模制的把手。英美等国则在包装上进行富有创意的改进，推出一系列有利于使用者的设计，如在饮料、矿泉水的瓶上模仿婴儿奶瓶样式的盖子，牛奶盒上设计使用塑料制造的开关式倒出装置，啤酒和饮料罐上端装上有大口的开关揭盖，以便使用者能最大限度地大口饮用。

我国是食品生产和出口大国，但长期以来，我国食品工业的包装技术和工艺却相对滞后。即将进入 WTO，我国的饮料包装机械设备制造业面临着严峻的挑战。目前，国际上用于饮料包装设备主要有玻璃瓶、易拉铝罐、复合包装（利乐包）、PET 瓶和 PET 拉罐（1985 年英国 PLASTONA 有限公司发明，1987 年流入我国）、PVC 瓶等五种类型的灌装生产设备。我国尚无 PET 易拉罐灌装生产线，其余 4 种都已引进或制造。上述几种包装设备在不同国家所占比例不同：在日本，PET 瓶占 11.9%，铝制易拉罐占 13%；在美国，玻璃瓶占 42.7%，铝制易拉罐占 35.9%。国外饮料加工机械设备技术水平普遍比较高：（1）生产规模大、速度快、效率高。美国机械化程度较高的 10 家饮料公司，生产占全美总产量的 70% 以上，而可口可乐和百事可乐饮料产量则占市场总量的一半。灌装速度已由 50 年代的 150 瓶/分钟发展到现在的 1000 ~ 1200 瓶/分钟，最高可以达到 2000 瓶/分钟。（2）微电脑广泛用于生产过程的自动控制。国外包装机械采用计算机控制工序和加工程度化，并配备各种参数计量装置，使包装、计量检测一机完成。例如，为控制配料精确度，在生产系统中普遍装有与微机相连的流量机、速度计等连续测量装置，并由计算机控制每道工序的起始和结束，控制各种配料的浓度和流量，误差精度可控制在千分之一的精度内，饮料生产设备一般都装有 CTP 系统，用微机对清洗过程实行控制。（3）设备材质好，生产中卫生和质量有保证。设备一般都采用不锈钢制造，并十分重视空瓶，实瓶和自动检验设备的原地高速、高效清洗等，以保证产品质量达到高度卫生。（资料来自中国轻工机械网）

［案例讨论题］

1. 我国发展天然包装材料的重要意义和有利条件有哪些？我国应该从哪些方面发展天然包装材料？

2. 从全球食品、酒类、饮料包装发展趋势中，我们如何把握绿色包装的发展要求？我国如何实施绿色包装发展战略？

◆——第3章　物品在流通中的质量变化

●本章主要内容

★物品的物理变化

物品的挥发、溶化、渗漏、熔化

★物品的化学变化

氧化、老化、化合分解、水解、锈蚀

★物品的生理生化变化

呼吸作用、胚胎发育、发芽

★影响外质量变化的主要因素

影响物品质量变化的内在因素,影响物品质量变化的外在因素

---

*

1987年3月15日凌晨,我国哈尔滨亚麻纺织厂联合厂梳麻、前纺、准备3个车间,突然发生强大的粉尘爆炸并引起大火,使103万平方米厂房、189(套)设备遭到不同程度的毁坏,直接经济损失881.9万元。事故中死亡58人,重伤数人,轻伤112人。另据报道,大连的一位消费者在饭店用餐点啤酒时,还未等酒瓶盖开启,啤酒瓶突然爆炸,飞溅的碎玻璃扎伤了该消费者的眼睛。引起事件的主要原因是啤酒瓶包装没有按国家强制标准执行。一方面是捆扎啤酒在运输中相互碰撞造成气体压力升高导致爆裂,另一方面是啤酒没有使用B型瓶盛装,从而使消费过程中存在着严重的安全隐患。根据国家强制标准,啤酒必须用瓦楞纸箱、塑料箱等软型包装物包装,明令禁止用麻绳或塑料绳等捆扎包装。

从以上案例我们可以清楚知道,在包装物生产和流通过程中,在一定条件下,物品会发生物理、化学和生理生化反应,物品的质量和数量都会受到一定的影响,甚至对人体和环境造成严重的破坏。所以我们必须要掌握物品发生物理、化学和生理生化反应的基本知识,确保物品在物流过程中的安全。

物流包装的重要目的之一是为了保护物品不受到损害。物流包装要能够更好达到这一目的,就必须了解物品在物流过程中可能发生的质量变化,从而根据不同物品的特性有针对性地实施有效包装。我们面对的物品琳琅满目,千奇百态,种类繁多,不同的物品在物流过程中发

生的质量变化是不同的，形式多种多样，概括起来有物理变化、化学变化、生理生化变化等。

第一节　商品的物理变化

所谓的物理变化是指只改变物质本身的外部形态，而不改变其本质，没有新的物质生成。许多物品发生物理变后，就会出现数量减少、质量降低，甚至完全丧失使用价值的现象。物品的外部形态可以分为气态、液态、固态三种形态，不同形态的物品在一定的温度、湿度或压力下，会发生相应的物理变化，表现为物品的挥发、溶化、熔化、凝固等等。

一、物品的挥发

（一）挥发的含义

液态物品的挥发是指液态物品或经液化的气体物品，在空气中液体表面能迅速汽化变成气体散发到空气中去的现象。挥发属于“三态变化”中液体变气态的变化。

（二）物品挥发的不良后果

1. 液体物品挥发后，物品的数量就会减少。例如，酒精、水如果包装不好，就会慢慢变少，甚至完全损耗掉。

2. 有些液体物品挥发后，会严重影响物品的质量。例如，香精受热容易散发香气，质量就会下降。还有酒、醋等许多物品都存在同样的问题。

3. 有些有毒有害的液体物品挥发后，不仅严重影响人体健康，而且会污染环境。例如，乙醚、丙酮都挥发出来的蒸汽具有毒性和麻醉性，对人体和牲畜都有伤害。还有些液体物品挥发出来的气体与空气混合成一定比例时，会成为易燃易爆的气体，容易引起燃烧或爆炸事故。

因此，我们要对沸点低、易挥发的物品实施密封性强的包装方法进行包装，以防止物流过程中物品的挥发。

二、溶化

（一）溶化的含义

溶化是指某些固体物品在潮湿空气中能够吸收水分，当吸收水分达到一定程度时，就溶化成液体的现象。溶化属于“三态变化”中固体变成液体的变化形式。

（二）影响物品溶化的主要因素

影响物品溶化的因素主要有物品的组成成分、结构和性质以及大气相对的湿度和温度等等。

1. 物品的组成成分、结构和性质

只有同时具备吸湿性和水溶性的物品，在一定条件下才有可能被溶化。具有吸湿性的物品在一定条件下会不断地从空气中吸收水分，如果该物品同时又具有水溶性，则该物品与水分接触时，水分能够扩散到物品体中，破坏物品分子中原有的紧密联系，均匀地分散到水溶液里，于是物品逐渐被潮解，以至完全溶化成液体。但是一些物品如棉花、纸张、硅胶等等，虽然它们也具有较强的吸湿性，但不具有水溶性，吸收水分再多，它们也不会被溶化。还有些物品如硫酸钾、过氯酸钾等虽然具有水溶性，但是它们的吸湿性很低，所以也不容易溶化。

2. 大气相对的湿度和温度

(1)相对湿度的影响

空气的相对湿度的大小对物品溶化影响很大。易溶性物品虽然具有吸湿性和水溶性,但是在空气相对湿度较低时,仍然不能从空气中吸收水分而溶化。相反,含有结晶水的物品,很可能散失水分而“风化”。因此,只有在一定相对湿度的条件下,物品才能吸湿而溶化。空气的相对湿度越大,易溶性物品就越容易吸湿而溶化。

(2)大气温度的影响

不同的物品在不同温度下,吸湿能力也不同,这和每种物品的吸湿点有关。物品的吸湿点是指物品在一定的温度和压力下开始吸湿的相对湿度,一般说来,随着大气温度的升高,物品的吸湿点就会不断下降,使物品易于吸湿溶化。所以在物流包装过程中,要注意掌握不同物品在不同温度下的吸湿点,加强对易于溶化物品的包装,确保物品的完好无损。

三、渗漏

渗漏主要是指液体物品,特别是易挥发的液体物品由于包装容器密封不好,包装质量不符合内装物品的性能要求,搬运装卸时碰撞震动,使包装受损等,而发生物品泄漏的现象。此外,某些物品包装容器质量不合格,有的容器有沙眼、气泡或焊接不匀、接口不严等;有些包装材料耐腐蚀性差,受潮锈蚀;有的液体物品因气温升高,体积膨胀或者汽化,使包装内部压力加大而胀破包装容器;有的液体物品在低温或严冬条件下,也会发生体积膨胀造成包装容器破裂,致使物品受到损失。另外,还有些物品如玻璃、陶瓷制品、搪瓷制品、铝制品、皮革制品、粉状物品等等,在运输、装卸过程中,受到碰撞、挤压和抛掷等外力作用下,也会发生破碎、变形、结块、脱落散开等形态上的变化,致使这些物品的质量降低或完全丧失它们的使用价值。

四、熔化

物品的溶化是指某些物品受热后发生变软以至变成液体的现象。物品的熔化除了受环境温度的影响外,还与物品本身的熔点有密切的联系,物品熔点越低,越容易熔化;熔点越高,越难熔化。易于发生熔化的物品有:医药物品中的油膏类、胶囊等、化工物品中的松香、石蜡等、金属盐类的硝酸锌等、百货物品中的香脂、发蜡、蜡烛等等。这些物品熔化的结果有的造成物品的流失,有的会使物品与包装物粘连在一起,有的物品将产生体积膨胀,胀破包装,有的还可能玷污其他物品等。所以,我们在对这些物品进行包装的时候,应该注意采用密封性能好,隔热性能强的包装材料和包装方法,以防止因为环境温度升高而影响物品的质量。

第二节　物品的化学变化

所谓的化学变化是指物品不仅改变了物质的外部形式,而且在变化时生成了其他物质。物品在物流过程中发生化学变化就是物品的质变过程,严重时会使物品完全丧失使用价值。物流过程中许多物品会发生化学变化,这种化学变化的表现形式很多,常见的有氧化、老化、化合、分解、水解等等。

一、氧化

（一）氧化的含义

氧化是指物品与空气中的氧或其他物质放出的氧接触，发生与氧结合的化学变化。例如，我们身上的棉、麻、丝等纤维织衣物，长期与日光接触，就会发生变色现象，这就是纺织品的纤维材料被氧化的结果。

（二）氧化对物品的影响

在物流过程中，如果物品被氧后，会带来下面几种严重后果：

1. 降低物品的质量

被氧化后的物品，质量就会下降，严重的会完全丧失使用价值。

2. 容易发生自燃和爆炸

有些物品在氧化过程中会产生热量，这种热量增加到一定程度，热量不易散失，又会加速氧化过程，使温度逐步升高达到自燃点时，物品就会发生自燃现象。例如，桐油布、油纸等桐油制品，这些物品含有不饱和脂肪酸，氧化时会放出大量热量，如果尚未干透就进行包装，就容易发生自燃。更为严重的后果是，有些物品如果堆积太多，自燃后又加速氧化过程，就有可能发生爆炸事故。这不仅破坏了环境，而且会对人民生命和财产带来损害。

二、老化

（一）老化的含义

老化是指某些以高分子聚合物为成分的物品，受日光、热和空气中氧等因素的影响，而发生发黏、龟裂、强度降低、发脆变质的现象。例如，橡胶、塑料制品、合成纤维织品等，长时间储存和使用，都会发生上述现象。

（二）常见物品发生老化的原因

1. 橡胶制品

橡胶制品容易发生老化的基本原因是，橡胶分子在氧的作用下受到了破坏，即橡胶分子与氧化合后破坏了橡胶烃的分子结构。因此，日光、高温、潮湿空气等都会加速橡胶制品的老化过程。同时，橡胶与氧的接触面越大，氧扩散到橡胶内部的可能性就越大，橡胶制品就越容易老化。

2. 塑料制品

塑料制品发生老化是由于合成树脂的分子结构发生变化而造成的。例如，主链断裂，分子量降低，使塑料制品变软、发粘、机械性能变坏；如果分子发生交联，就会使塑料制品变僵、变脆、丧失弹性、发生龟裂等；如果分子链的侧基改变，就会使塑料制品变形、龟裂以及性能改变等等。

3. 合成纤维制品

合成纤维制品老化是在日光、热和空气中的氧等因素的作用下，发生变色、强度降低、逐步脆化变质的过程。

三、化合

物品在物流过程中，受外界条件的影响，会出现两种或两种以上的物质相互作用，生成一种新物质的化合反应。例如，氢气＋氧气或酒精＋氧气生成水，木炭＋氧气生成二氧化碳。吸潮剂的吸湿过程，就是一种化合反应。

四、分解

分解是指某些化学性质不稳定的物品，在光、热、酸、碱及潮湿空气的影响下，发生的化学变化，由原来一种物质生成两种以上的新物质。物品发生分解后不仅数量减少而且质量降低，有时候产生的新物质很可能有危害性。例如，过氧化氢为无色液体，是一种不稳定的强氧化剂和杀虫剂，它在常温下慢慢分解，如遇高温则迅速分解而生存氧和水。

五、水解

水解是指某些物品在一定条件下，遇水而发生分解的现象。水解的实质是分子与水作用而发生复分解，具有与原成分不同的性质。例如，硅酸盐、肥皂等，其水解产物是酸和碱。高分子有机物中的纤维素、蛋白质发生水解，导致链节断裂、强度降低。

各种不同的物品在酸和碱的催化下，发生水解的情况是不一样的。例如，肥皂在酸性溶液中全部水解，但在碱性溶液中却很稳定；蛋白质在碱性溶液中易于水解，而在酸性溶液中却比较稳定。棉纤维在酸性溶液中，特别在强酸的催化作用下易于水解，使纤维的大分子链节断裂，分子量降低，分解存单个纤维分子，从而大大降低纤维的强度，但是，棉纤维在碱性溶液中却比较稳定。

六、锈蚀

锈蚀素指金属制品特别是钢铁制品在潮湿空气或酸、碱、盐类物质的影响作用下，发生腐蚀的现象。锈蚀分为电化学锈蚀和化学锈蚀两种。金属制品的锈蚀不仅使金属制品的重量减少，更为严重的是影响金属制品的质量和使用价值、美观性等等。

第三节　商品的生理生化变化

物品的生理生化变化，是指有机体物品本身所进行的一系列变化。例如，粮食、果蔬、鲜鱼、鲜肉、鲜蛋等物品，在物流过程中，受各种外界条件的影响，往往会发生各种各样的生理生化变化，这些变化主要有呼吸、发芽、胚胎发育等等。

一、呼吸作用

呼吸作用是指有机体的物品在生命活动过程中，不断进行呼吸，分解体内有机物质产生热能，维持其本身的生命活动的现象。呼吸停止就意味着有机体物品生命的丧失。呼吸作用是有机体在氧和酶的参与下进行一系列的氧化过程。被呼吸作用分解的物质称为呼吸基质，基质中最主要的是糖类中的葡萄糖。呼吸作用可以分为有氧呼吸和缺氧呼吸两种。

有氧呼吸是有机体物品的葡萄糖在空气中氧的作用和呼吸酶的催化下，经过氧化还原，转化成二氧化碳和水，并释放出热量，这种氧化过程就叫有氧呼吸。

缺氧呼吸是指在无氧的条件下，有机体利用分子内的氧进行呼吸作用，葡萄糖在各种酶的催化下，分解成酒精、二氧化碳并释放热量，这种过程就叫缺氧呼吸。这种呼吸作用，葡萄糖还未完全分解，产生出来的酒精属于中间产物，这个化学反应过程和发酵酒一样，因此又把它看成是发酵的作用。缺氧呼吸产生的酒精过多，会促使有机体细胞中毒死亡。其结果会使种子发芽率降低，果实和蔬菜腐烂等等。有氧呼吸和缺氧呼吸都是消耗有机体物品内营养物质葡萄糖，从而降低物品的质量，而且还放出热量。特别是粮食的呼吸作用产生的热量不易散失，如积累过多，会使粮食变质。同时，由于呼吸作用，有机体分解出来的水分又有利于有害生物生存繁殖，加速霉变。因此，物流包装要设法控制被包装的有机体物品在物流过程中的正常呼吸强度，抑制旺盛的呼吸，保护商品质量。

二、胚胎发育

我们这里主要指鲜蛋的胚胎发育。在物流过程中，鲜蛋如果温度适宜，胚胎往往发育成血蛋，大大降低鲜蛋的质量。为了抑制鲜蛋的胚胎发育，必须认真选择合理的物品包装。

有机体物品除了生理生化变化外，很可能污染微生物，发生霉变、发酵、蛋白质腐败等变化，并可能招致虫蛀，而造成物品破坏。霉变是有机体物品容易发生的变化；发酵主要是污染了酵母菌、乳酸菌、醋酸菌等等，而使物品发生分解作用；蛋白质腐败主要是由于细菌污染商品而发生蛋白质分解的现象。

三、发芽

有些有机体物品在物流过程中，遇到适当的水分、氧气、温度、湿度等条件，就可能发芽，其结果会使粮食、果蔬的营养物质在酶的作用下转化为可溶性物质，供给有机体本身的需要，从而降低有机体的质量。例如，各种粮食发芽都会降低加工成品率和食用价值。马铃薯发芽则产生有毒物质。同时，发芽萌发过程中通常伴有发热生霉，不仅增加损耗，而且降低质量，粮食种子则会丧失播种价值。

第四节　影响物品质量变化的主要因素

一、影响物品质量变化的内在因素

（一）物品的化学成分

1. 无机成分的物品

无机成分的物品一般是指不含碳氧机构的化合物，但包括含碳的无机化合物，如碳的氧化物、碳酸、碳酸盐、氰化物等。属于这类物品的有化肥、部分农药、搪瓷、玻璃、五金制品、部分化工产品等。这类物品的成分中的元素种类不同，结合形式也不一样，有的是单质，有的是化合物或混合物等。

2. 有机成分的物品

有机成分的物品是指以含碳的有机化合物为成分的物品，但不包括碳的氧化物、碳酸、碳酸盐、氰化物等。属于这类成分的物品其数量相当庞大，如棉、毛、丝、麻及其制品，还有化纤、塑料、橡胶及其制品，石油产品、有机农药、有机化肥、木制品、皮革、纸张及其制品、蔬菜、水果、食品等。这类物品的成分中，结合形式也不一样，有的是化合物，有的是混合物。

在繁多的物品中，大多数是由几种成分或几种材料制成，也是我们常说的以混合物为成分的物品。例如油漆、火柴、黑火药等都是混合物。火柴是由硫磺、赤磷、氯酸钾和木材等混合制成,油漆是由粘合剂(油或树脂)、溶剂油、颜料等混合制成,黑火药则是由硫磺、氯酸钾或木炭粉等混合制成。所以,我们在包装这些物品时,必须根据其混合物的成分、性质等,采取有效的包装材料、包装技术和包装方法。

(二)物品结构

现代物流要面对的是所有的物品,种类繁多的物品有着许许多多的不同形态,如气体物品,分子运动活跃,分子间距离大,其形态随包装容器而异。液态物品分子运动速度较气体物品慢,分子间距离也较气体小,其形态也随包装容器而变。只有固态物品具有一定的外形。各种不同类型的物品从形态结构上来分,可以分为外观形态和内部系统两大类。

1. 物品的外观形态

物品的外观形态指的是物品的款式、结构、色泽、造型等等。物品的外观形态有两种形式,一种是人为的,是生产过程中形成的物品外形,如圆形的帽子、三角形的桌子等等;另一种是天然形成的外观形态的物品,例如,椭圆形的鸡蛋,圆形的西瓜等等。由于物品的外观形态是多种多样的,要求我们在包装的时候要根据被包装物品的形态结构来设计包装容器,做到合理科学包装,提高包装容积的利用率,有效保护物品。

2. 物品的内部结构

物品的内部结构也就是构成该物品的原材料的成分(分子、原子)物品的内部结构是人的肉眼看不见的,它必须借助显微镜等各种仪器才能观察到,所以它也称为物品的微观结构。

物品的内部结构影响着物品的性质,不同的分子和不同的分子量就构成不同的物质,例如,水的分子式水为 H_2O,食盐的分子式为 NaCl。有些物品虽然它们的分子组成和分子量完全相同,但是由于结构不同,它们的性质也不一样。例如,白酒中的乙醇(C_2H_5OH)与甲醚(CH_3-O-CH_3)的分子式($C_2H_{12}O_6$)相同,分子量也是46,但是由于结构不同,性质也不一样。前者可以用作饮料,后者却不能食用。对于不同的物品应该采用不同的包装方法。

(三)物品自身的性质

物品的性质是由物品的成分和结构所决定的。物品的选择可以分为物理性质、机械性质和化学性质三大类。

1. 物品的物理性质

物品的物理性质是物质不需要发生化学变化就表现出来的性质,例如颜色、状态、气味、密度、熔点、沸点、硬度、溶解性、延展性、导电性、导热性等。我们在这里主要介绍物品的导热性和耐热性。

(1)物品的导热性

物品的导热性是指物品传递热能的能力。影响物品导热性的主要因素是物品的组成成分和组织结构,各种不同成分的物品它们的导热性是不一样的。金属中的银、铜、铝等有较好的导热性,而空气、雪、动物纤维、玻璃、橡胶等导热性就比较差。对于不怕高温导热性比较好的物品,我们可以露天堆放;对于导热性比较差的物品注意包装严密,防止老化和质量下降。

(2)物品的耐热性

物品的耐热性是指物品在受热影响下仍能保持其优良的物理机械性能的最高温度。影响物品耐热性的主要因素有:物品的成分、结构、不均匀性、导热性、膨胀系数等等。导热性高而膨胀系数小的物品耐热性良好,而膨胀系数大导热性低的物品耐热性差。比如,钢铁的耐热性比较好,而木制品、麻、棉、丝制品的耐热性就比较差。在包装这些物品时,就要根据不同物品的性能进行有效包装,以保证物品安全。

2. 物品的机械性质

物品的机械性质是指物品的形态、结构在外力(荷力)的作用下的反应。如物品的弹性、韧性、坚硬度等等。物品的机械性质与物品成分、结构密切相关。弹性、韧性比较好的物品有橡胶、皮革、软塑料、纺织品等,弹性、韧性比较差的有玻璃、陶瓷等物品。

一般说来,外力的性质不同,对同一物品的影响程度是不一样的。在一般情况下,物品承受的静荷重的能力要大些,而动荷重则容易是物品受到损害。在物流过程中,物品常常会受动荷重的压力,所以在包装时要采用相应的包装材料、包装技术和包装方法,保护内装物品在外力作用下完好无损。

3. 物品的化学性质

物品的化学性质是指物品的形态、结构以及物品在光、热、氧、酸、碱、温度、湿度的作用下,发生改变物品本质的性质。例如物品的化学稳定性、腐蚀性、毒性、燃烧性、爆炸性等。

(1)物品的化学稳定性

物品的化学稳定性是指物品受外界因素作用,在一定范围内,不易发生分解、氧化或其他变化的性质。物品的化学稳定性的大小是由具体物品的成分、机构及外界条件决定的。例如,红磷和黄磷,同样是磷,但它们的化学稳定性不太一样,红磷在常温下性质不活跃,在空气中加热至 160℃能燃烧,与强氧化剂接触,经摩擦,能引起燃烧和爆炸。而黄磷在常温下性质很活跃,易氧化,能自燃,加热到 40℃能燃烧。可见,为了物品的安全和保证物品质量,对化学稳定性不一样的物品采取不同的包装。

(2)物品的毒性

物品的毒性是指某些物品具有破坏有机体生理功能的性质。这些具有毒性的物品主要集中在医药、农药、化工产品等。这些有毒物品毒性表现形式是不一样的,有些物品是蒸汽有毒,有些物品是本身有毒,还有些物品本身没有毒,但分解化合后,则产生了有毒的成分等等。例如,甲醛和苯的蒸汽有毒,甲醛最高允许浓度每升空气不超过 0.05 吨,苯每升空气不超过 0.1 吨。再如砷,是一种非金属,通常砷多呈灰色,灰砷略带金属性,质脆而硬,易氧化,与氧化合后很快失去光泽而呈霜状,叫二氧化二砷,俗称砒霜,有剧毒,误食 0.1g 就可以致人死亡。

(3)物品的腐蚀性

物品的腐蚀性是指某些物品能对其他物质发生破坏性的化学性质。如硫酸、盐酸、硝酸、烧碱等物品,由于这些物品本身具有氧化性和吸水性,所以它们具有很强的腐蚀性。醋挥发的气体与空气中的水结合成金属制品的电解液,能促使金属制品生锈变质;烧碱能腐蚀纤维制品和人们的皮肤;浓硫酸能吸收动植物物品中的水分,使它们碳化变黑;生石灰具有较强的吸水性和放热性,能灼伤皮肤和刺激呼吸器官等等. 所以我们要特别注意对这些物品的有效包装。

(4)物品的燃烧性和爆炸性

物品的燃烧是一种剧烈的氧化反应,对物品的破坏相当严重。具有燃烧性的物品非常多,如红磷、白磷、闪光粉、生松香、火柴、汽油、柴油、苯、油漆、金属钠等等。物品的燃烧必须具备三个条件,即可燃物、助燃物和火源,缺少其中任何一个条件都不会导致物品燃烧。因此,我们在包装物品的时候,必须设法隔离其中一至两种物质,保护易燃物品的质量和环境安全。

物品的爆炸是指物质由一种状态迅速变成另外一种状态,并在瞬间以机械功的形式放出大量能量的现象。物品的爆炸可以分为物理性爆炸和化学性爆炸。所谓的物理性爆炸是指在包装桶内部压力超过了该桶的承受强度而引起的爆炸。化学性爆炸是指某物质受到外因的作用,引起化学反应而引起的爆炸。化学性爆炸主要有下面三种形式:

碰击性爆炸。此类物品都是极不稳定的物质,如乙炔、苦味酸、硝化甘油等,略受外界碰击,就使分子突然分解成若干元素或简单的化合物,由于激剧的反应,体积突然增大而引起爆炸。

混入空气中的易燃物的爆炸。这类物品如苯、汽油、丙酮等,它们挥发出来的气体混合在空气中并含有较多分量时,遇到火花,由于突然的氧化作用,或受热过高,而自行发生体积膨胀,以至爆炸燃烧。

氧化剂混合物的爆炸。这类物品如氯酸钾、高锰酸钾、硫酸、红磷和金属锌粉等混合在一起时,由于不安定的氧化剂和细粉状的易燃物质的作用,虽然在静置下不会立刻发生爆炸,但是略受热或摩擦后就会立即发生爆炸。

所以这些物品在包装和使用过程中一定要避免受到碰击、摩擦和受热,以确保物品的安全。

二、影响物品质量变化的外在因素

(一)环境温度、湿度对物品质量的影响

物品中都含有一定的水分,其含水分的多少因物品的组成成分及结构而异。对大多数物品来说,水分是物品的重要组成成分。环境的温度、湿度的变化必然引起物品含水量的增减,从而引起物品质量的变化,引起存储环境中微生物、虫害的生长、繁殖和死亡。可见,物品的水分与环境温度、湿度的大小密切相关。

物品中所含的水分根据存在的状态和性质,可以分为结合水和游离水。

结合水是以氢键的形式与物品成分中胶体系统内的亲水性物质,如糖类、蛋白质等牢固结合的水,也称束缚水。它是以物品的化学成分而存在的,并和物品正常的生理活动紧密联系在一起,具有与一般水不同的性质,如0°C时不结冰,一般温度下不蒸发,一般不能作为酶的介质等。同时对霉腐微生物的活动一般没有可给性,故没有直接意义。但结合水是物品的组成成分,它和物品体内的其他作物共同决定物品的使用价值,如果失去这部分水,物品的质量将受到影响。

游离水是吸附在物品表面或结构中毛细管内的游离状态的水,又称为自由水。这种水具有一般水的性质,在一般情况下,它是物品水分变化的主体部分,也是霉腐微生物等生物因子进行生命活动所需的水分来源。因此,物品本身水分的变化,一般情况下是游离水的变化,它将随着环境温度、湿度的变化而变化。

由于大多数物品都含有糖类、蛋白质等亲水物质,与水有很强的结合力,同时物品结构又存在大大小小的毛细管,内外纵横贯通,空气中的水蒸汽分子不仅可以吸附于物品的表面,而且可以通过毛细管作用进入物品的内部,吸附于亲水物质的表面,这种吸附并不稳定,水蒸汽分子不断的运动又能重新逸到空气中去。物品的水分的吸附和水分从物品内的逸出是同时进行的。当物品干燥而空气潮湿时,进入物品的水汽分子比逸出的多,总的来说物品的水分趋于增加,物品就出现吸湿返潮。相反,当物品潮湿而空气干燥时,逸出的水蒸汽分子比进入的多,物品的水分就减少,即散湿干燥。物品通过吸湿和散湿进行水分交换的性能,称为物品的吸湿

性。物品的吸湿和解湿的性能是随着大气湿度的变化而变化的。在一定温度条件下，当物品的吸湿和解湿的速度相等时，则物品的水分就会暂时稳定在一个数值之上，这一数值上的水分，称为在这温度下的平衡水分。在温度不变时，物品的平衡水分与湿度成正比。

总之，物品的平衡水分是一种动态平衡，这种动态平衡是相对的、暂时的。这时物品的吸湿和解湿过程照样进行，只不过是数量相等而已. 如果环境的温度和相对湿度发生变化，原来的平衡立即遭到破坏，又在新的条件下建立新的平衡。

在理论上一般把游离水即将出现之前，即饱和状态的结合水，称为物品的临界水分。在一般情况下，处于临界水分状态的物品比较安全。但是，储存的物品除了受水分条件的影响外，还要受到温度、湿度、气体成分等环境因素的影响。一般情况下，物品尽管出现了游离水，我们可以通过一定的包装技术和方法将其他条件限制，同样能够达到安全存储的目的。

环境的温度的变化对物品的含水量同样有密切的关系，而且直接影响物品质量的变化。在相对湿度不变的情况下，环境温度的变化可以提高或降低物品中的含水量，同时温度的变化还可以引起某些易溶、易熔、易挥发物品，以及有生理机能的物品发生质与量的变化，使物品在数量和质量上受到影响。

（二）氧和日光照射对物品质量的影响

在空气中通常有五分之一氧的存在。在物流过程中，物品发生的化学和生化变化绝大多数与空气中的氧有关。氧是非常活跃的气体，能与许多物品直接化合，使物品氧化，不仅降低物品质量，有时候会在氧化过程中产生热量，发生自燃，严重时还会发生爆炸。如氧可以加速五金制品的锈蚀，加速害虫的生长繁殖，加快物品的霉变过程。在腐败微生物中，也有部分气性菌需要氧，缺氧就会受到抑制甚至死亡；有不饱和成分的油脂和肥皂，遇氧会逐渐氧化、酸败。另外一些具有生理机能的物品要借氧进行呼吸，如粮食、果蔬、鲜蛋等。因此可见，氧对物品的质量变化有着很大的影响。我们必须有针对性地采用相应的包装技术计和方法，控制包装内的含氧量，保证物品在物流过程中的安全。

日光也是影响物品质量发生变化的重要因素。日光中包含着各种频率的色光、红外线和紫外线。红外线约占 43%，紫外线约占 7%。红外线有增热作用，物品在红外线的照射下，温度会增加，含水量会降低。紫外线对微生物有杀伤作用，大多数细菌在日光的照射下 1 ~ 2 小时就会死亡，其他微生物在日光照射下 1 ~ 4 小时大多数也会死亡。而有些物品在日光的照射下发生剧烈或缓慢的破坏作用。例如，酒类在日光下与空气中的氧作用会变浊；油脂会加速酸败；塑料、橡胶、纺织品、纸制品等会加速老化。物品的成分中日含有不饱和的化学键在日光的作用下，易发生聚合反应，丙烯腈、福尔马林、桐油等结块沉淀就属于这种情况。有些物品如油布、油纸在日光灯照射下氧化放热，如不及时散热，不仅会加速这些物品的氧化，而且还可能到达自热点引起火灾。照相胶卷和感光纸未使用曝光，就会发生光化学反应而成为废品。

（三）外力作用对物品质量的影响

物品在物流过程中，需要经过各种各样的运输环节，物品多多少少会受到颠簸、振动、冲击等外力的影响，严重的时候可能会造成物品质量受到损害。外力作用的大小与运输工具、道路的性能、状况关系密切，例如，各种运输工具的减振系统不同，其运载的物品受到的振动程度也不相同。火车的振源主要来自车轮通过路轨接头处或轨道面凹凸处的冲击振动、车轮的偏心、道路的起伏不平、车辆的摘挂、上下坡、启动、紧急制动等因素，以上振源在一定条件下可以单独起振,也可以同时作用引起更为复杂的叠加振动。轮船的振源主要来自主机及螺旋桨的不平衡,尤其当螺旋桨部分露出水面时,振动更大。此外,波浪的冲击也引起较大的振动。飞机的振源一般来自发动机及气流突变所发生的抖动,以及飞机起降时,突然瞬间着地或由于跑道不平引起的的冲击振动。除此之外,物品在储存运输过程中层层堆码,使低层承载过重,以至物品在装卸、搬运过程中因意外跌落而产生的外力因素对物品质量的破坏。所以,我们要针对不同的运输、储存条件,采取行之有效的包装技术和方法,尽量减少对物品的振动,避免物品在物流过程中受到更多的损害。

※习题

一、名词解释

1. 挥发

2. 氧化

3. 分解

4. 呼吸作用

5. 物品的耐热性

二、填空题

1. 影响物品溶化的因素主要有物品的__________、结构和性质以及大气相对的湿度和温度等等。

2. 橡胶制品容易发生老化的基本原因是橡胶分子在氧的作用下受到了破坏,即橡胶分子与氧化合后破坏了橡胶烃的________结构。

3. 有氧呼吸是有机体物品的________在空气中氧的作用和呼吸酶的催化下,经过氧化还原,转化成二氧化碳和水,并释放出热量。

4. 影响物品导热性的主要因素是物品的组成成分和__________结构。

5. 物品的毒性是指某些物品具有破坏___________的性质。这些具有毒性的物品主要集中在医药、农药、化工产品等。

三、单项选择题

1. 只有同时具备吸湿性和水溶性的物品,在一定条件下才有可能被______。

A. 熔化　B. 溶化　C. 渗漏　D. 挥发

2. 吸潮剂的吸湿过程,就是一种________反应。

A. 物理反应　B. 氧化　C. 分解　D. 化合

3. 缺氧呼吸是指在无氧的条件下,有机体利用分子内的氧进行呼吸作用,葡萄糖在各种酶的催化下,分解成酒精、_________并释放热量。

A. 二氧化碳　B. 一氧化碳　C. 水　D. 酸

4. 物品的_______是指物品的形态、结构以及物品在光、热、氧、酸、碱、温度、湿度的作用下,发生改变物品本质的性质。

A. 化学性质　B. 化学稳定性　C. 腐蚀性　D. 爆炸性

5. 飞机的振源一般来自发动机及_______突变所发生的抖动,以及飞机起降时,突然瞬间着地或由于跑道不平引起的的冲击振动。

A. 气流　B. 机翼　C. 机身　D. 气候

四、多项选择题

1. 不同形态的物品在一定的温度、湿度或压力下，会发生相应的物理变化，表现为物品的__________。

A. 挥发　B. 溶化　C. 熔化　D. 渗漏　E. 化合

2. 化学变化的表现形式很多，常见的有________等等。

A. 氧化　B. 老化　C. 化合　D. 分解　E. 水解

3. 在物流过程中，受各种外界条件的影响，往往会发生各种各样的生理生化变化，这些变化主要有__________等等。

A. 呼吸　B. 水解　C. 发芽　D. 胚胎发育　E. 分解

4. 物品的燃烧必须具备三个条件，即__________，缺少其中任何一个条件都不会导致物品燃烧。

A. 光源　B. 可燃物　C. 助燃物　D. 火源　E. 热源

5. 影响物品质量变化的外在因素主要因素有__________。

A. 环境的温度　B. 环境的湿度　C. 氧　D. 日光照射　E. 外力作用

五、简答题

1. 影响物品溶化的主要因素有哪些？
2. 氧化对物品有什么样的影响？
3. 呼吸作用对物品有什么样的影响？
4. 环境的温度的变化对物品质量有什么样的影响？

六、问答题

1. 影响物品质量变化的内在因素有哪些？
2. 说明环境湿度对物品质量的影响。

[思考案例]

●我国每年腐蚀损失5000多亿元

据2006年9月11日《经济参考报》报道，我国装备制造业金属制品的锈蚀问题突出，大力发展防腐新技术刻不容缓。这是记者从近日在沈阳结束的首届"机电产品防锈技术与出口商品包装技术"研讨会上了解到的情况。

统计资料表明，2000年，我国年腐蚀损失达5000亿元，约占国民生产总值的5%，目前仍有加大的趋势。而美、英、德的年腐蚀损失分别只占国民生产总值的2.7%、3.5%和3%。目前，我国还没有全国统一的防锈标准，缺乏专业的防护包装材料检测机构，机电产品尤其是出口机电产品防锈防护质量亟待提高。

与会专家指出，从发达国家的经验和数据来看，其中1/4以上的锈蚀损失可以通过防腐蚀手段进行控制。我国如果持续发展防腐新技术、工艺和产品提高目前的防锈包装水平，可减少锈蚀损失1000亿元。

中国机械科学研究总院专家黄雪分析锈蚀原因有四：其一，防锈包装专业技术人员少，不少国有大中型企业已没有该专业技术人员，不知道如何操作，"防锈包装设计"概念更是无从谈起。其二，防锈工艺不健全，或贯彻落实不力，未将防锈工艺作为产品设计和生产链条中的重要一环，纳入到整个生产工艺和管理流程中来，使防锈不到位。其三，防锈材料质量参差不齐，购买、使用不规范。

中国机械联合会专家谭湘宁指出，我国装备制造业对防锈防护技术的需求是很大的。他呼吁,要尽快提高我国装备制造业在防锈包装上的整体水平,必须从几方面入手。第一,普及腐蚀与防护基础知识,加强防腐行业职业培训;第二,提高企业的防锈意识,摒弃企业防锈工艺淡薄的观念,把防锈工艺作为产品设计链条中的重要一环,纳入到生产工艺和管理流程中来;第三,加强防锈基础技术研究,组织各行业编制本行业产品的防锈防护工艺规范,以标准形式贯彻执行,并逐步转化为国家标准或行业标准;第四,严格监控防锈材料及产品的防锈质量,建立全行业的防锈技术及防锈技术质量测试中心,规范防锈材料生产厂无序状态;第五,搭建地区的或行业的甚至是全国的机电企业防锈技术及其应用的信息平台,提供国内外防锈包装技术发展趋势及新材料、新工艺、新设备信息,面向全行业开展技术咨询和服务工作。

●二亚硫酸钠(保险粉)自燃引起火灾事故

据中国新闻网2006年05月15日报道,5月10日18时,广州市瑞兴泰化工有限公司租用广州空军95111部队营区内违法建设的危险化学品仓库(位于广州市天河区大观路转广深高速公路匝道旁),在卸货时发生连二亚硫酸钠(保险粉)自燃引起火灾事故,火灾于11日1时左右被全部扑灭。该仓库储存有连二亚硫酸钠35吨(包装物为防潮化纤编织袋)、焦亚硫酸钠10吨、亚硫酸钠10包、甲基丙烯酸甲酯2桶。事故发生后,广州市天河区政府启动化学事故紧急救援预案,广州市公安消防部门共出动消防官兵136人,各种消防车20台次,喷洒干粉灭火剂10吨。紧急疏散了附近学校的学生和居民约7200多人(分别为农工商学院住校学生1000多人,华联学校住校学生约6000人,周边群众200多人)。当晚感到不适送院诊治的人数为74人,目前,已有63名病情较轻者自行出院,另有4人留院继续观察,7人住院治疗(其中2人较为严重,但没有生命危险)。广州市环保部门对现场进行了采样检测,检测结果符合《环境质量空气标准》(GB3096-1996)的要求。

据初步调查分析,该起事故的主要原因:一是广州市瑞兴泰化工有限公司擅自改变经营方式,未经批准违法在部队营区内私设危险化学品仓库;二是违反规定购买不符合国家包装标准要求的连二亚硫酸钠(该批保险粉是购自山东烟台保险粉厂);三是在没有采取安全措施的情况下违规操作,在下雨潮湿的环境下大量装卸遇湿自燃。

[案例讨论题]

1. 从以上两个案例,进一步了解物流包装有什么样的重要意义?

2. 如何根据不同的物品的性质,采取行之有效的包装方法和手段,避免事故的发生?

◆——第4章　包装材料的选用

●本章主要内容

★纸和纸板包装材料

纸和纸板的特点和主要性能，包装用纸及纸板的种类和规格。

主要包装用纸和纸板。

●塑料包装材料

包装用塑料的种类，塑料包装材料的基本性能与特点，包装用塑料材料。

●木质包装材料

木质包装材料的特点，木质包装材料的种类。

●金属包装材料

金属包装材料的特点，主要金属包装材料。

●玻璃、陶瓷包装材料

玻璃包装材料，陶瓷包装材料。

●包装辅助材料

胶粘剂，粘合带，捆扎材料。

---

*

食品安全包装新材料——智能包装材料

用于食品安全包装的智能包装材料主要有显示材料、杀菌材料、测菌材料等。最近，加拿大推出的可测病菌包装材料别具特色，该包装材料可检测出沙门氏菌、弯曲杆菌、大肠杆菌、李斯特菌四种病原菌。此外，该包装材料还可以用于检测害虫或基因工程食品的蛋白含量，指出是否是转基因工程食品。

包装材料是指用于制造包装容器和构成产品包装的材料的总称。包装材料既包括组成运输包装、包装装潢、包装印刷等有关材料和包装辅助材料，也包括缓冲材料、涂料、胶粘剂、捆扎和其他辅助材料。常用的包装材料有纸与纸板、塑料、木材、金属、玻璃等。

第一节　纸和纸板包装材料

纸质包装材料包括各种纸张、纸板、瓦楞纸板和加工纸类，可制成袋、盒、罐、箱等容器。由于纸质包装材料和容器具有许多的优点，与各种包装材料相比使用最广泛。纸、纸板及其制品占整个包装材料的40%以上，有的国家达到50%。

一、纸和纸板的特点和主要性能

(一)纸和纸板的特点

1. 具有适宜的坚牢度、耐冲击性和耐摩擦性。
2. 卫生、无毒，不污染内装物。
3. 成型性和折叠性优良，便于采用各种加工方法；在机械加工时，能适应高速连续生产。
4. 有最佳的可印刷性，便于加工、美化商品。
5. 原料丰富，价格较低，与其他材料相比是最经济的。
6. 重量轻，容易折叠、装载和捆扎，有利于降低运输费用。
7. 废弃物容易处理，可回收复用和再生，节约资源，不造成公害。
8. 便于深加工，能适应不同包装的需要。

(二)纸和纸板的主要性能

纸和纸板是采用植物纤维，并适当加入胶料、填料、色料等，经一系列加工而制成。其主要成分是纤维素，并含有不同程度的半纤维素、木质素、树脂与色素等，具有比较优良的物理机械性能、光学与电学性能、化学性能和印刷性能。

1. 物理机械性能

纸和纸板的物理机械性能主要指纸和纸板的物理机械强度，是保证其质量的一个重要性能。可分为静态强度和动态强度两大类。

静态强度是在缓慢条件下测定的强度。如：抗张强度、耐硬度、耐折度和撕裂度等；动态强度是反映纸与纸板受力后瞬时扩散而破裂的动态状况的强度。如：纸袋纸的透气度、耐破度、撕裂度等，箱板纸的撕裂度、耐折度、戳穿强度、抗压强度等。

2. 光学与电学性能

纸和纸板的光学性能取决于投射到纸面的光线相对数量，以及投射光被纸所反射、透射和吸收的性能。纸张通过光的照射，可反映出纸的色泽、表面光亮程度等。纸的光学性能包括白度(洁白程度，与标准白度板比较而定)、不透明度、透明度、光泽度和颜色等。

电气用纸或纸板，必须具有符合使用要求的电气性能，这在很大程度上取决于纸张的理化性质。主要体现在电气绝缘性，或纸板必须具备较大的的介电常数，较高的介电强度，较低的介质损失和较高的使用寿命与耐热性等方面。

3. 化学性能

化学性能主要指纸和纸板的化学组成、水分与灰分(包括各种金属离子和非金属)含量、各种化学添加物(胶料、填料、染料及化学助剂等)的含量、酸价、粘度和pH值等性能。这些性能对其物理、光学、印刷、电气等性能均有较大影响。

纸的化学性能主要取决于纤维原料的品种、非纤维物质的添加数量与种类，以及蒸煮、漂白的方法和程度等。

对某些用途的包装用纸的化学性能有特殊要求。如：电气用纸、树脂浸渍纸、食品用纸等均不得含有有毒物质，其酸值和填料的含量必须适宜。

4. 印刷性能

包装大多需要印刷装潢和标志，要求纸与纸板具有良好的吸墨性、平滑度（表面平滑和粗糙程度）、表面均一性、一定的表面结合强度、一定的松软性与抗水性等。

纸和纸板材料的性能也有许多弱点，如：难于封口，易吸潮使纸质松软变色甚至霉变，过于干燥时易翘曲干裂，气密性、透明性差等，使纸材在包装上的应用受到一定限制。

二、包装用纸和纸板的种类和规格

（一）包装用纸和纸板的种类

纸和纸板是按定量（指单位面积的重量，以每平方米的克数表示）或厚度（以毫米表示）来区分的。定量在250g/㎡以下或厚度在0.1mm以下的统称为纸；定量在250g/㎡以上或厚度在0.1mm以上的称为纸板。但这一划分标准不是很严格的，如瓦楞原纸定量虽小于250g/㎡通常也称为纸板；有些定量大于250g/㎡的如白卡纸等，由于习惯也称为纸。

包装用纸主要用来印刷装潢商标、裹包商品和制作纸袋等，包装用纸板主要用于生产纸箱、纸盒、纸桶等包装容器。包装用纸和纸板的种类见表4－1。

表4－1　　包装用纸和纸板的种类

类别		品名
纸类	普通纸特种纸装潢用纸深加工纸	牛皮纸玻璃纸中性包装纸纸袋纸羊皮纸　高级伸缩纸湿强纸保光泽纸防油脂纸袋泡茶滤纸胶版纸铜版纸压花纸表面涂层纸　石蜡纸沥青纸防锈纸真空镀铝纸
纸板类	普通纸板深加工纸板	箱板纸黄板纸白板纸瓦楞原纸瓦楞纸板

（二）包装用纸和纸板的规格

包装纸及纸板的规格根据其不同的形式有两种要求。平板纸要求长和宽，其幅面尺寸常见的有787×1092mm，850×1168mm，880×1230mm。卷筒纸和盘纸只要求宽度，国产卷筒纸主要有1575mm（即2×787mm），1092mm，880mm，787mm等规格，长度一般为6000m。规定纸和纸板的规格尺寸，对于实现纸箱、纸盒及纸桶等纸制包装的标准化和系列化，具有十分重要意义。

卷筒纸的重量以吨计算，平板纸以件计算。卷筒纸每件重量一般为250～350千克，最重不超过1吨；平板纸每件重量一般不超过250千克。一般来说，250g/㎡以下的纸以500张为1令，10令为1件来进行包装；250g/㎡以上的纸板，每件重量不得超过250千克，一件是几令或每令是多少张，则视纸张的克重而异。

三、主要包装用纸和纸板

(一)包装用纸

1. 牛皮纸

牛皮纸是用未漂白硫酸盐木浆生产的高级包装纸,具有高施胶度。牛皮纸分为双面和单面,双面牛皮纸又有压光和不压光两种,它的定量在 40~120g/㎡之间,其中以 80g/㎡的用途最广,平板规格有 787mm×1092mm、889mm×1194mm。牛皮纸柔韧、结实、富有弹性,具有较强的耐破度、耐折度和撕裂度,并具有良好的抗水性,多用于包裹商品和制作纸袋。牛皮纸的耐破度和施胶度是两个重要的指标,耐破度按纸张的定量比例增加,纸张越厚,耐破度越大;施胶度随用途而变,但要求都很高。这两项指标对包装物的安全有很大关系,选用时应予以注意。

2. 纸袋纸

纸袋纸的原料主要是未漂白硫酸盐木浆,也可掺加部分竹浆、棉秆浆等,施胶度高。纸袋纸强度高、韧性大、不易破损,有良好的防水性能,具有一定的透气度,可防止装袋时粉状物品“反喷”。纸袋纸分为一号、二号、三号、四号四种,常用 4~6 层纸袋纸缝制成多层纸袋,用来盛装水泥、化肥、农药等粉状物品。

3. 中性包装纸

中性包装纸不腐蚀金属,主要用于军工产品和其他专用产品的包装。中性包装纸分为包装纸和纸板两种。

4. 鸡皮纸

鸡皮纸又叫白牛皮纸,是一种单面光泽度很高的薄型包装纸,施胶度和耐折度较好。鸡皮纸采用漂白硫酸盐木浆生产,色泽比牛皮纸白,但不如牛皮纸强韧。它的纸质均匀,拉力好,耐破度高,且有一定的抗水性,主要用于包装食品、日用百货,也可供印刷商标。其定量为 40g/㎡,分为一号、二号两种。鸡皮纸一般为平板纸,规格有 787×1092mm,700×1000mm,889×1194mm 等。

5. 羊皮纸

羊皮纸又称植物羊皮纸,是用纯植物纤维制成的半透明的高级包装纸。羊皮纸结构紧密、有弹性,具有高度的抗水和不透水、不透油、不透气等特性。可分为食品羊皮纸和工业羊皮纸。食品羊皮纸中铅和砷的含量应按食品标准予以严格限制,用于需长期保存的油脂、茶叶及药品的包装。由于其防潮性能好,工业羊皮纸可用于包装精密仪器和机械零件。作为内包装材料与金属接触时,会引起黑色金属腐蚀或黄铜制品变色,但对紫铜、电镀锌、镀镉、镀铬等影响较小。

6. 玻璃纸

玻璃纸分为半透明玻璃纸和透明玻璃纸两种。

半透明玻璃纸质薄而柔软,双面光亮呈半透明状,具有防油性、抗水性和较高的施胶度,但在水湿后会失去强度,主要用于包装不需久藏的油脂、乳类食品及糖果、卷烟、药品等。其定量为 31g/㎡,平板纸规格 1016mm×762mm。

玻璃纸又叫透明纸,是一种应用广泛的内衬纸和装饰性包装用纸。它透明度最高,纸质柔软,有光泽,印刷性好,有伸缩性,并具有不透气、不透油等阻隔性,还具有耐热、不易带静电,不易粘上灰尘等优良性能。但其防潮性差,干燥易脆,无热封性。玻璃纸经单面或双面涂布树脂后也可具有防潮性。玻璃纸常用代号来表示,如 PT 表示未经涂布处理的普通玻璃纸;MT 表示经双面防潮处理但不能热封的玻璃纸;MST 表示经双面防潮处理而且具有热封性的玻璃纸。玻璃纸常用于包装化妆品、药品、糖果、糕点及针棉织品或开窗包装等。其定量为 30g/m²,平板纸规格有 1000 × 850mm、1000 × 900mm、1000 × 950mm、1000 × 1000mm、1000 × 1050mm 等。

7. 有光纸与胶版纸

有光纸主要用于商品里层包装或衬垫,也可用于裱糊纸盒;胶版纸是专供印刷包装装潢、商标、标签和裱糊纸盒面的双面印刷纸,适宜于多色套印。胶版纸具有纤维紧密、均匀、洁白,不脱粉,伸缩率小,抗张力、耐折度好等优良性能。

8. 防潮纸

防潮纸具有耐水、防潮等性能,主要有石蜡纸、沥青纸、油纸等。使用沥青纸包装时,必须用普通包装纸衬垫,不宜直接接触商品,以免沥青渗透污染商品。

9. 防锈纸

防锈纸有接触型和气相型两种。接触型防锈纸对于黑色金属有较好的防锈能力,只要与金属表面接触充分良好,对金属制品 3 ~ 5 年内能起到有效的防锈作用,只是对铜和铜合金制品易引起变色;气相型防锈纸能在常温下缓慢挥发出气体,充满包装空间,产生防锈效果及时,长期封存也能达到防锈作用,在使用时不需直接接触金属表面,但在包装后,外层要用塑料薄膜或其他材料严密包装。

(二)包装用纸板

1. 白纸板

白纸板多为单面光滑的纸板,表面平滑洁白,具有良好的印刷性能。它耐折度高,韧性好,具有良好的成型性和折叠性。白纸板的主要用途是经过彩色印刷后制成纸盒,用于商品包装,起到保护商品、装潢美化商品的作用。白纸板的规格为 787mm × 1092mm,定量有 250g/m²、270g/m²、300g/m²、350g/m²、380g/m²、400g/m²、600g/m²等。

2. 黄纸板

黄纸板又称草纸板,俗称马粪纸,是一种低档包装纸板,用途非常广泛。黄纸板纤维粗糙、质脆、耐磨性差,但挺度大,主要用作衬垫、隔板,或将印刷好的胶版纸等裱糊在其表面,制成各种纸盒。其规格一般为 787mm × 1092mm,787mm × 660mm,787mm × 546mm 等几种。市场上通常采用号数来代表纸张的定量。常用黄纸板的号码与定量的关系见表 4 – 2。

表 4 – 2　　黄纸板号码与定量的关系

号码	6	8	10	12	14	16
定量(g/m²)	310	420	530	640	750	860

3. 牛皮箱纸板

牛皮箱纸板是运输包装用的高级纸板,具有强度高、防潮性能好、外观质量好、适于印刷等特点。主要用于制造外贸包装纸箱、内销高档商品包装纸箱。

4. 箱纸板

箱纸板也是制作瓦楞纸箱的主要材料，但箱纸板的质量低于牛皮箱纸板，主要用于制作中、低档瓦楞纸箱，包装一般商品。国产箱纸板分为一号、二号、三号三种。一号为强韧箱纸板，二号为普通箱纸板，三号为轻载箱纸板。纸板定量规定有 310g/㎡、365g/㎡、420g/㎡、475g/㎡、530g/㎡五种，以 420g/㎡为多数。平板纸的规格一般为 960mm×1260mm，卷筒纸的幅宽一般有 1940mm、1930mm、940mm 三种。

5. 瓦楞原纸

瓦楞原纸是一种低定量的轻薄纸板，用于制作瓦楞纸或用作衬垫及格架。瓦楞原纸纤维组织均匀，厚薄一致，具有一定的拉伸强度和耐压、抗戳穿、耐折叠性能。瓦楞原纸按其原料不同，可分为半化学木浆瓦楞原纸、草浆瓦楞原纸和废纸浆瓦楞原纸三种。

（三）瓦楞纸板

瓦楞纸板是将瓦楞原纸压成波状瓦楞制成瓦楞纸，然后将瓦楞纸与箱纸板粘贴在一起制成。纸板中间呈空心结构，因而具有较高的强度，从平面上能承受一定重量的压力，富有弹性、缓冲力强，能起到防震和保护商品的作用。

1. 瓦楞形状

瓦楞形状可分为 U 型、V 型和 UV 型三种。U 型抗压强度小，缓冲性能好，压力消除后可恢复原状；V 型抗压强度大，但缓冲性能差；UV 型瓦楞纸板同时具有 U 型和 V 型的大部分优点，耐压强度较高，并具有一定的缓冲性，是最常用的瓦楞纸板。瓦楞纸板在平压时波形变化见图 4－1。

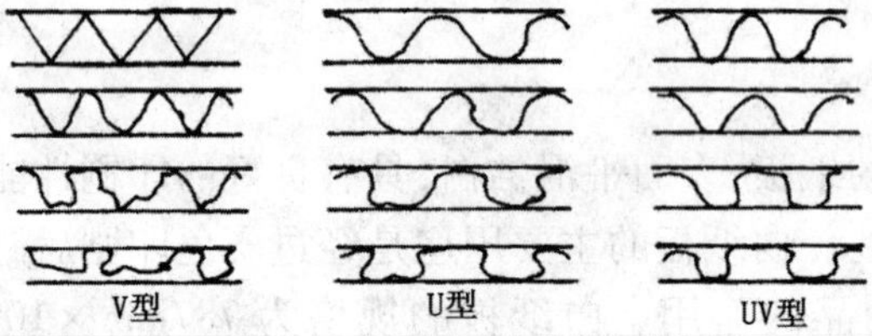

图 4－1　平压时波形变化

2. 瓦楞的型号

瓦楞的型号还可根据楞高分为 A 型、B 型、C 型、E 型和 K 型五种，主要规格如表 4－3 所示。

表 4－3　瓦楞的规格尺寸

瓦楞楞型	瓦楞高度/mm	瓦楞密度/（条/300mm）	瓦楞楞型	瓦楞高度/mm	瓦楞密度/（条/300mm）
A 型	4.5～5.0	30±2.0	E 型	1.1～2.0	96±4.0
B 型	3.5～4.0	38±2.0	K 型	6.6～7.0	24±1.5
C 型	2.5～3.0	50±2.0			

（1）A 型瓦楞。大瓦楞，具有很好的弹性和防震缓冲性。可用于包装易碎品及对冲击、碰撞要求很高的商品。

（2）B 型瓦楞。小瓦楞，刚性比 A 型大，瓦楞表面也比较平整，可获得较好的印刷效果。适于要求足够刚性但对缓冲性能要求不高的产品包装，如金属罐等。

（3）C 型瓦楞。中瓦楞，兼有 A 型和 B 型瓦楞的特点，防震性与 A 型相近，平面耐压能力接近 B 型瓦楞。

（4）E 型瓦楞。微小瓦楞，能承受较大的平面压力，表面平坦，能进行高质量的印刷装潢，适用于商品的内包装及制盒。

（5）K 型瓦楞。为超大瓦楞，具有良好的抗冲击性能。

3. 瓦楞纸板的种类

瓦楞纸板按瓦楞的层数分为以下几种，见图 4－2。

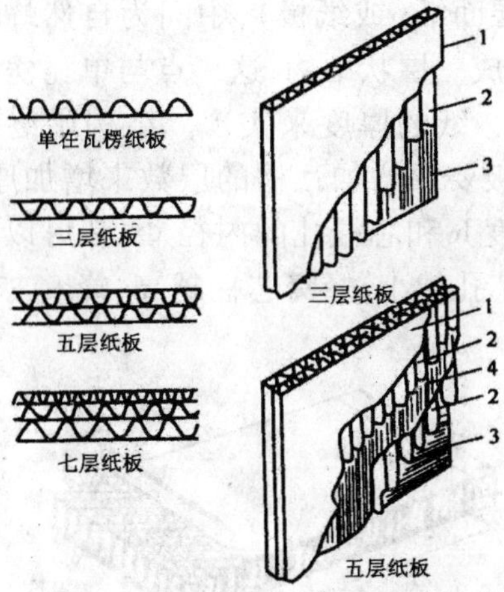

1—面纸；2—瓦楞纸；3—里纸；4—芯纸

图 4－2　瓦楞纸板的结构

（1）单瓦楞。纸板以一张垫纸与一张瓦楞芯纸粘合而成，多用作小包装或包装衬垫。

（2）三层瓦楞。纸板又称作双面单瓦楞纸板，是以里、面各一张牛皮箱纸板（或箱纸板），中间一张瓦楞芯纸，三层粘合而成。用来制作小型纸箱。

（3）五层瓦楞。纸板又称作双面瓦楞纸板，是以三张牛皮箱纸板（或箱纸板）及两层瓦楞芯纸间隔粘合而成。多采用 AB 型或 BC 型组合瓦楞，用来制作中型包装箱。

（4）七层瓦楞。纸板以四张牛皮箱纸板（或箱纸板）及三层瓦楞芯纸间隔粘合而成。多采用 BAB 型组合瓦楞，用于大型或负载重的包装箱。

（四）蜂窝纸板

蜂窝纸板是近几年迅速发展起来的新型包材料，具有比瓦楞纸板更好的刚性，随着工艺上的不断改进，大有代替木板的趋势。蜂窝纸板是根据自然界蜂巢结构原理制作的，它是把瓦楞原纸用胶粘结方法连接成无数个空心立体正六边形，形成一个整体的受力件——纸芯，并在其两面粘合面纸（牛皮纸或箱板纸）而成的一种新型夹层结构的环保节能材料。它的主要特点是：

第一，质轻、用料少、成本低。蜂窝夹层结构与其他各种板材结构相比，具有最大的强度/质量比，因而其制成品的性能/价格比好，这是蜂窝纸板成功的关键。

第二，高强度，表面平整，不易变形。蜂窝夹层结构近似各向同性，结构稳定性好，不易变形，其突出的抗压能力和抗弯能力是箱式包装材料需要的最重要的特性。

第三，抗冲击性、缓冲性好。蜂窝纸板由柔性的纸芯和面纸做成，具有较好的韧性和回弹性，独特的蜂窝夹芯结构提供了优异的缓冲性能，在所有的缓冲材料中具有更高的单位体积能量吸收值，高厚度的蜂窝纸板可替代现已大量使用的EPS塑料泡沫缓冲垫。

第四，吸声、隔热。蜂窝夹层结构内部为封闭的小室，其中充满空气，因此具有很好的隔声保温性能。

第五，无污染，符合现代环保潮流。蜂窝纸板全部由可循环再生的纸材制作，使用后可以百分之百地回收再利用。

1. 蜂窝纸板的结构

蜂窝纸板的结构为上下两层面纸（或纸板），中间为自然蜂窝状的芯纸，用一定的粘合剂将芯纸粘合在两层面纸之间，形成三层状结构，这一点与单瓦楞纸板结构相似。蜂窝纸板的厚度变化主要靠增加或减少蜂窝芯纸的厚度来实现。结构始终保持三层，其厚度可以在5～90mm之间变化，而不像瓦楞纸板要靠增加瓦楞的层数来增加厚度。蜂窝纸板的面纸厚度t、蜂窝芯纸厚度s、蜂窝芯柱的高度h和芯柱孔的内径Φ，都可以根据纸板的不同用途而决定。一般来讲，面纸厚度越大，蜂窝芯孔越小，蜂窝芯柱越高，蜂窝芯纸越重，则蜂窝纸板的性能越好。蜂窝纸板的结构见图4－3。

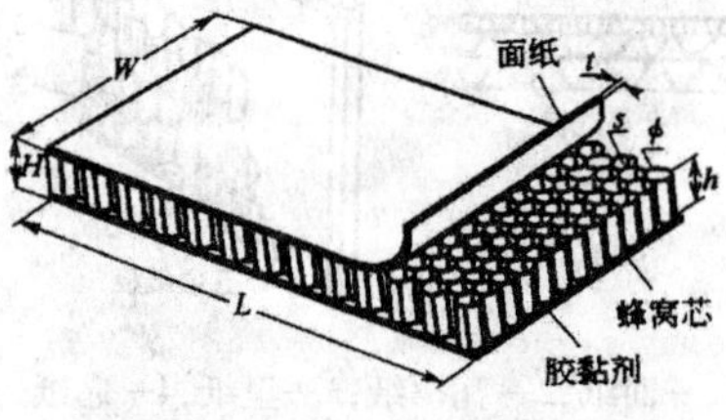

图4－3　蜂窝纸板的结构

2. 蜂窝纸板的分类

蜂窝板一般有金属和非金属两大类。包装业主要用纸类蜂窝板，即蜂窝纸板，用于制作包装箱及运输包装等。

（1）从材质上分

1）纯纸的蜂窝纸板，即由两层面纸和蜂窝状芯纸粘合而成。

2）纸、木复合的蜂窜纸板，即蜂窝纸板的面纸有一层是纸质的，另一层为三层板或纤维板的。

（2）从结构上分

1）单一的蜂窝纸板。

2）多层蜂窝纸板叠加在一起组成复合型蜂窝纸板。

3）瓦楞纸板与蜂窝纸板叠加在一起组成的复合型蜂窝纸板。

3. 蜂窝纸板的应用

(1)用作缓冲衬垫。蜂窝纸板的蜂窝夹芯结构使其缓冲性能优于瓦楞纸板,可采用全面缓冲或局部缓冲的形式来保护内装物。

(2)用作托盘。蜂窝纸板托盘与木托盘相比,重量轻,也有较高的强度,可作普通平托盘和单面托盘外,还可制成立柱式托盘结构。蜂窝纸板制成的叉车用托盘代替木制托盘

(4)用作包装箱。像瓦楞纸箱一样,蜂窝纸板可加工成纸箱,但一般只能用较薄的蜂窝纸板来做纸箱。

(5)用作角撑、护棱等附件。与缓冲衬垫类似,蜂窝纸板可用作运输包装件的角撑与护棱,这特别适合于集合包装,起保护作用,减少碰撞与摩擦,降低破损。

第二节　塑料包装材料

塑料是一种具有可塑性的高分子材料。与纸、金属、玻璃等其他包装材料相比,塑料包装材料具有特殊的优良性能,可制成塑料薄膜、袋、桶、箱、瓶、罐及复合包装材料,广泛用于商品包装。

一、包装用塑料的种类

塑料由树脂加入一定的辅助物料(添加剂)制成,根据组分性质可分为单组分塑料和多组分塑料。单组分塑料由合成树脂组成,仅含少量辅助物料;多组分塑料以合成树脂为基本成分,含有多种辅助物料。

塑料根据受热加工时的性能特点可分为热塑性塑料和热固性塑料。前者多属于软性材料,后者属刚性成型材料。

热塑性塑料在一定条件下受热加工成型时,不发生根本性的化学变化,其制品可以再行软化重新加工成型。它们的分子结构大多为长链型或支链型。热塑性塑料的主要品种有聚乙烯、聚丙烯、聚苯乙烯、聚氯乙烯、聚酰胺、聚酯等。包装用塑料多属于热塑性塑料。

热固性塑料在一定条件下受热加工成型时,会发生不可逆的化学变化,再次加热时不会软化,温度过高会使其分解破坏,因此制品不能再行软化重新加工成型。它们的大分子为体型网状结构。热固性塑料品种主要有酚醛塑料、脲醛塑料、蜜胺塑料等。

二、塑料包装材料的基本性能与特点

(一)物理性能优良

塑料具有一定的强度和弹性,耐折、耐磨、抗拉、抗压、抗冲击、抗弯曲,并具有一定的阻隔性、防潮性等。

(二)化学稳定性好

塑料大多耐酸、耐碱、耐化学药剂、耐油脂,有较好的抗腐蚀能力。

(三)塑料属于轻质材料

塑料的密度只有金属的1/5、玻璃的1/3~2/3,制成的包装容器质量轻,方便贮运、销售,也便于携带使用。

(四)塑料加工成型简单、多样

塑料可制成薄膜、片材、中空容器、复合材料等包装制品。塑料的成型方法有吹塑、挤塑、

注塑、真空、发泡、吸塑、热收缩、拉伸及多种新技术，可创造出适合不同产品需要的新型包装。

(五)塑料美观促销

塑料有优良的透明性和表面光泽，印刷和装饰性能良好，容易加工成各种外观形状，可以染色或着色，很好的传达和美化商品。

(六)塑料属于节能材料，价格上具有一定的竞争力。

塑料作为包装材料也存在一些问题，如：在外界因素长期作用下易发生老化；有些塑料带有异味，内部含有的低分子物质会渗入内装物影响卫生安全性；容易产生静电使容器吸尘；塑料包装废弃物处理燃烧时会造成公害。

三、包装用塑料材料

(一)聚乙烯(PE)

聚乙烯是由乙烯加聚而成的高分子聚合物。由于聚合方法和密度不同，可分为低密度聚乙烯(LDPE)、高密度聚乙烯(HDPE)、线性低密度聚乙烯(LLDPE)。

聚乙烯呈乳白色半透明状，有一定透气性，阻湿性能好，并有一定的拉伸强度和撕裂强度，质轻柔软。化学稳定性好，在室温下不溶于任何有机溶剂，耐大多数酸碱，不耐浓硝酸。有很好的耐低温性能(-70℃)，易加工成型，热封性好；无臭无味、无毒，可用于食品包装。但聚乙烯的印刷性能较差，易于燃烧，长期在光、热和氧的作用下产生降解，使薄膜或容器变色、破裂。

低密度聚乙烯(LDPE)柔软性好，耐低温，易加工成型，但耐热性差(软化温度85℃)。低密度聚乙烯主要用来制成薄膜，用于防潮包装或食品的冷冻包装，但其阻气性差，不宜用于包装对氧敏感的含油食品。低密度聚乙烯还常作为热封层和防潮涂层，与其他材料复合制成复合材料。

高密度聚乙烯(HDPE)具有较高的机械强度、硬度和优良的耐热性能(软化温度120℃)。其耐溶剂性、阻气性、阻湿性均优于低密度聚乙烯。高密度聚乙烯适于制成各种包装容器，如瓶、杯、盘、周转箱等，也可制成重包装袋和食品蒸煮袋，还常用作复合薄膜的热封层。

线性低密度聚乙烯(LLDPE)兼有高、低密度聚乙烯的性能，有较高的抗张强度、刚性和耐冲击性能，化学稳定性、加工性能好，其厚度比低密度聚乙烯减薄了20%，特别适宜制作包装薄膜和薄膜袋。

聚乙烯塑料还可用来制造软管、泡沫塑料，其薄膜能透过二氧化碳和氧气，很适合蔬菜、水果的保鲜包装。

(二)聚氯乙烯(PVC)

聚氯乙烯是由氯乙烯聚合而成的高分子聚合物。其透明度高，对氧气的阻隔性好。化学稳定性好，常温能耐大多数酸、碱，并具有良好的耐油性。机械性能、电绝缘性较好，难于燃烧，着色性，印刷性也较好。聚氯乙烯热稳定性差，加热至85℃时就有氯化氢析出。耐寒性也较差，在低温时易脆裂。容易吸尘，较难清洗，韧性和冲击强度也不够好，与氯化溶剂接触时容易发粘、溶化和老化。

聚氯乙烯加工时加入了增塑剂和稳定剂，影响到它的卫生安全性，而且在使用时会有微量的原料氯乙烯单体析出，氯乙烯单体有毒，因此一般不适宜于食品包装。要将聚氯乙烯用于食品包装，必须严格控制材料中的氯乙烯单体残留量，并且要使用低毒的增塑剂和稳定剂。国际上一般规定制品中氯乙烯单体残留量应在 1×10^{-6} 以下，这样的聚氯乙烯公认为无毒聚氯乙烯。

聚氯乙烯塑料分为软质和硬质两类，软质多用来制作各种包装袋，硬质可制成各种瓶、杯、盘、盒等包装容器。

（三）聚丙烯（PP）

聚丙烯是由丙烯聚合而成的高分子聚合物。它是一种很轻的塑料，实际使用的聚丙烯密度为0.90～0.91g/cm^3。聚丙烯的透明度高，光泽度好，具有优良的机械性能和拉伸强度，硬度和韧性均高于高密度聚乙烯。耐热性好，可在120℃的高温下连续使用，可在开水中蒸煮。化学稳定性好，在一定温度范围内对酸、碱、盐及许多溶剂具有稳定性。无毒、无味、卫生安全，适用于食品包装。聚丙烯的阻气性能虽优于聚乙烯，但仍然较差，不宜用作香味浓郁商品的包装，也不用作长期存放植物油和矿物油的包装。耐寒性差，在0℃时就可能脆裂；印刷性能也较差，印刷前需经过表面处理。

聚丙烯可制成瓶、罐、塑料周转箱和编织袋，用于包装食品、化工产品和化妆品等。双向拉伸聚丙烯薄膜（BOPP）可用来代替玻璃纸大量用于食品包装。

（四）聚苯乙烯（PS）

聚苯乙烯是由苯乙烯聚合而成的高分子聚合物。它的透明度高，并且有很好的光泽，质地坚硬，脆性大，耐冲击性差，透湿性、透气性大。化学稳定性差，受有机溶剂如烃类、酯类的作用会软化甚至溶解。耐低温性能良好，但不耐热，使用时最高温度不能超过90℃－95℃。无毒、无味、卫生安全性好，适用于食品包装。

常用硬质改性聚苯乙烯制成杯、盘、盒等包装容器。聚苯乙烯的薄膜和片材经拉伸处理后，冲击强度得到改善，可制成浅盘、盒等包装容器，还可制成收缩薄膜用于收缩包装。制成的发泡材料也可加工成浅盘、盒等容器，并大量用作缓冲包装材料。

（五）聚酯（PET）

聚酯是对苯二甲酸与乙二醇的缩聚物。聚酯的透明度高、光泽性好，具有优良的阻气、阻油、保香性能。刚硬而有韧性，抗拉强度是聚乙烯的5～10倍。化学稳定性好，耐稀酸及普通的有机溶剂。能在较宽的温度范围内保持其优良的物理机械性能，正常适用温度范围为－70℃～120℃，能在150℃使用一段时间。卫生安全性好，适宜包装食品。聚酯薄膜不耐碱，热封性和防止紫外线透过性较差。

聚酯薄膜具有良好的强度和耐油性，被广泛用于肉类食品包装。聚酯薄膜经常与聚乙烯、聚丙烯等制成复合薄膜，作为冷冻食品及需加热杀菌食品的包装材料。聚酯瓶被大量用于饮料、植物油等食品的包装。

（六）聚碳酸酯（PC）

聚碳酸酯也是一种聚酯，有很好的透明性，机械性能（特别是低温抗冲击性能）极好，它的尺寸稳定，耐热性好，是一种非常优良的包装材料。但其价格较贵，限制了它的广泛应用。

聚碳酸酯主要用作电器绝缘材料，在包装上主要用于制成薄膜或容器用于包装食品。

（七）聚酰胺（PA）

聚酰胺通称尼龙（Nylon），它的阻气性好，强韧耐磨，耐寒、耐热性好，正常使用温度范围为－60℃～130℃，耐碱和大多数盐，不耐强酸，遇水和醇溶胀，加工、印刷性好，热封性差。

聚酰胺主要用于食品的软包装，可通过定向拉伸或与聚乙烯等复合，改善其易吸水、热封性差的缺点，用于食品的冷冻和蒸煮包装，特别是油腻食品的包装。聚酰胺也常用于农药、化学试剂等的包装。

（八）聚偏二氯乙烯（PDVC）

聚偏二氯乙烯对气体、水蒸气、油和异味有极好的阻隔性，是阻隔性复合材料的重要组成部分，其使用温度范围 -18℃ ~135℃，既耐低温冷藏，又耐高温蒸煮，热封性差。与聚氯乙烯相同，在加工时需添加增塑剂和稳定剂，因此若用于食品包装应注意其卫生安全性。

聚偏二氯乙烯主要用于制作复合薄膜，也可作为胶粘剂和涂布材料。

(九)聚乙烯醇(PVA)

聚乙烯醇通常加工成薄膜用于食品包装。它透明度高，有很好的光泽，具有优良的阻气性，强度大而有韧性。化学性能好，除水之外不受普通有机溶剂侵蚀。不带静电，印刷性好，无毒无味。但它的阻湿性差，吸水性强在水中溶胀甚至溶解，而且随吸湿量的增加，其强度和阻气性急剧下降。

聚乙烯醇薄膜可直接用来包装含油食品，也可与其他薄膜复合，克服了透湿的缺点，并充分发挥其气密性、保香性能好的特性，广泛用于各类含油食品包装。水溶性聚乙烯醇可用于化学药品等的计量包装。

(十)乙烯-醋酸乙烯共聚物(EVA)

乙烯-醋酸乙烯共聚物透明度高，有良好的柔软性、韧性和较低温的热封合性。其加工温度低，加工性能好，可用多种方法成型，制成包装容器和薄膜。

(十一)乙烯-乙烯醇共聚物(EVOH)

乙烯-乙烯醇共聚物是一种高阻隔性材料，商品名为 EVAL。其最突出的特点是对 O_2、N_2、CO_2 等气体的高阻隔性及优异的保香性，还具有良好的耐油性和耐有机溶剂能力，可用于油性食品及食用油的包装。因其吸湿性会对阻隔性不利，一般在实际应用中与聚乙烯或聚丙烯等制成复合材料。

为了便于包装材料的对比或选用，列表如下：

表 4-4 常用塑料薄膜代表性产品特性

项目		LDPE	HDPE	PP	PVE	PET	双向拉伸 PS
抗张强度(kg/mm^2)		0.9—3	1.5—4	2—4	1.5—13.3	12 以上	0.3—8.8
水汽传递率(g/m^2 /0.025mm，24 小时)		8—18	5—10	8—10	50 以上	50	—
汽体传递率(cm^3/m^2/0.025 mm，24 小时)	O_2	2600-13000	1300-6400	1300-6400	77-2600	52-180	2600-7000
	CO_2	7700-77000	770-21000	7700-21000	770-10000	180-390	10000-26000
抗化学物性能		耐酸和碱，在油脂中膨胀	优秀	优秀	良好	优秀	—
热封温度(℃)		121-154	135-154	163-204	-	135-204	121-163
低温下性能		可用在 -18℃以上	在 -51℃以上性能优秀	差	-	在 -62℃以上优秀	在 -18℃以上性能优秀
透明性		稍差	差	一般-良好	良	良-优	-
耐热性		90℃以下	110℃以下	115℃以下	110℃以下	115℃以下	

表 4－5　　　　各种单一薄膜的性能比较

薄膜种类	物理性质													
	印刷性	热封性	防湿性	气密性	强度	刚性	耐热性	透明性	成型性	光泽	耐寒性	带电性	耐油性	耐药品性
普通赛璐玢	⓪	×	×	⓪	0	0	⓪	⓪	×	⓪	×	⓪	⓪	×
防湿赛璐玢	⓪	△	0	⓪	0	0	0	⓪	×	⓪	△	0	0	×
K 涂层赛璐玢	⓪	△	⓪	⓪	0	0	0	⓪	×	⓪	△	0	0	×
定向 PP	⓪	△	⓪	△	⓪	0	△	⓪	×	⓪	⓪	×	0	0
PP	0	0	⓪	△	0	△	△	⓪	0	0	△	×	△	0
延伸尼龙	0	×	△	0	⓪	0	0	⓪	×	⓪	⓪	×	⓪	⓪
无延伸尼龙	△	0	△	△	⓪	△	0	⓪	0	0	0	×	⓪	⓪
延伸 PET	0	×	0	0	⓪	0	⓪	⓪	×	⓪	⓪	×	⓪	⓪
PVDC	0	高频密封	⓪	⓪	0	△	×	⓪	×	0	0	×	⓪	⓪
PVC	△	高频密封	⓪	⓪	0	△	×	⓪	△	0	△	×	0	⓪
无增塑 PVC	0	高频密封	0	0	0	0	△	0	⓪	0	△	×	△	⓪
PC	△	△	0	△	0	0	⓪	⓪	⓪	⓪		×	⓪	⓪
LDPE	△	⓪	⓪	×	△	△	×	0	0	△	⓪	×	×	0
HDPE	△	⓪	⓪	△	0	0	△	△	0	×	⓪	×	0	△
维尼龙	△	△	×	⓪	0	△	△	⓪	0			×		
EVA	△	△	×	⓪	0	△	△	⓪	0			×	0	
醋酸纤维素	⓪	×	△	△	0	⓪	⓪	⓪	⓪			×	⓪	×
延伸 PS	0	×	△	×	△	⓪	△	⓪	⓪	⓪		×		△
铝箔	⓪～×	×	⓪	⓪	×	×	⓪	×	×	⓪	⓪	⓪	⓪	×
纸	⓪～×	×	×	×	0	⓪	⓪	×	×	×	×	0	×	×

注:⓪＝优　0＝良　△＝尚可　×＝不良

表 4－6　　常用复合薄膜及其性能比较和应用

复合薄膜的构成	特性										使用范围
	防湿性	阻气性	耐油性	耐水性	耐煮沸	耐寒性	透明性	防紫外线	成型性	封合性	
PT/PE	⓪	⓪	0	×	×	×	⓪	×	×	⓪	方便面、米制糕点、医药
BOPP/PE	⓪	0	0	⓪	⓪	⓪	⓪	×	c	⓪	干紫菜、方便面、米制糕点、冷冻食品
PVDC 涂 PT/PE	⓪	⓪	0	⓪	⓪	0	⓪	0～×	×	⓪	豆酱、腌菜、火腿、果子酱、饮料粉
BOPP/CPP	⓪	0	⓪	⓪	0	0	⓪	×	0	⓪	糕点
PT/CPP	⓪	⓪	⓪	×	×	×	⓪	×	×	⓪	糕点
BOPP/PVDC 涂 PT/PE	⓪	⓪	0	⓪	⓪	⓪	⓪	×	×	⓪	高级加工肉类食品、豆酱、面汤
BOPP/PVDC/PE	⓪	⓪	⓪	⓪	⓪	0	⓪	0～×	×	⓪	火腿、红肠、鱼糕
PET/PE	⓪	⓪	⓪	⓪	⓪	⓪	⓪	0～×	×	⓪	蒸煮、冷冻食品、年糕、饮料粉、面汤
PET/PVDC/PE	⓪	⓪	⓪	⓪	⓪	⓪	⓪	0～×	⓪	⓪	豆酱、鱼糕、冷冻食品、熏制食品
N/PE	0	0	⓪	⓪	⓪	⓪	⓪	×	0	⓪	鱼糕、汤面、年糕、冷冻食品、饮料粉
N/PVDC/PE	⓪	⓪	⓪	⓪	⓪	⓪	⓪	0～×	0	⓪	鱼糕、汤面、年糕、冷冻食品、饮料粉
BOPP/PVA/PE	⓪	⓪	⓪	⓪	0	0	⓪	×	0	⓪	豆酱、饮料粉
BOPP/EVAL/PE	⓪	⓪	⓪	⓪	0	0	⓪	×	0	⓪	气密性小袋
PC/PE	0	×	0	⓪	⓪	⓪	⓪	0～×	0	⓪	切片火腿、饮料粉
AL/PE	⓪	⓪	⓪	⓪	0	0	×	⓪	×	⓪	医药、照片用胶卷、糕点
PT/AL/PE	⓪	⓪	⓪	×	×	0～×	×	⓪	×	⓪	医药、糕点、茶叶、方便食品
PT/纸/PVDC	⓪	⓪	⓪	×	×	0	×	⓪	×	⓪	干紫菜、茶叶、干食品
PT/AL/纸/PE	⓪	⓪	0	×	×	0～×	×	⓪	×	⓪	茶叶、汤粉、饮料粉、奶粉
PET/AL/PE	⓪	⓪	⓪	⓪	⓪	⓪	×	⓪	×	⓪	咖喱、焖制食品、蒸煮食品

表中说明：⓪为优；0 为良；×为不可取。

第三节　木质包装材料

一、木质包装材料的特点

木质包装材料有许多优良的特征：

（一）木材具有优良的强度/质量比，有一定的弹性，能承受冲击、振动、重压等作用，是包装大型、重型物品的理想材料。

（二）木材加工方便，不需要复杂的机械设备，木箱内还可安装挂钩，便于拴挂内装物。

（三）木材可加工成胶合板等人造板材，以达到进一步减轻包装质量、提高材料均匀性、改善外观、扩大应用范围。

（四）木材的热胀冷缩性比金属小，且不生锈，不易被腐蚀，可用于盛装化学药剂。

（五）木质包装可以回收、复用，且成本较低，是很好的绿色包装材料。

木质材料也有一定缺陷，如：易吸收水分、变形、开裂，易发霉腐蚀、蛀蚀，易带有异味，加工不易实现机械化等。加之树木生长缓慢等因素，使木材在包装上的应用受到很大限制。

二、木质包装材料的种类

木材的种类很多，其用途也各不相同。木制包装材料一般分为天然木材和人造板材两大类。见表4－7。

表4－7　　**包装用木材**

天然木材		人造板材	
针叶木材	阔叶木材	纤维板	胶合板
红松 落叶松 白松 马尾松	杨木 桦木	纤维板 木丝板 刨花板	三夹板 五夹板

（一）天然木材

1. 木材的物理性能

木材的物理性能包括密度、含水率、干缩与湿胀以及颜色和气味等。

木材按含水率不同可分为生材、自然干材和绝干材三种。包装用木材的含水率应控制在20%左右，含水率过高会降低其抗弯、抗拉性能，如果制成容器，干燥后会丧失大部分握钉力，并出现大间隙。

木材中密度0.8以上的称为最重材，如柞木、槲木、楚榆木等；密度在0.7～0.8之间的称为重材，如桦木、色木、落叶松等；密度0.5以下的称为较重材，如油松木、核桃秋木等。密度大的木材强度高，变性大、握钉力也大，铁钉钉入时容易裂开；密度小的木材与之相反。包装用木材密度以0.35～0.70为宜。

木材的干缩、湿胀和可燃性是木材的三大缺点，特别是木材作为包装材料经长途运输，气温变化较大，或者由于储存仓库的干湿度不同，都会引起木材容器箱板、条板发生不同程度的收缩或膨胀。为减少木材收缩，最好采用轻木材、在加工前经干燥或经化学药剂等处理的木材。

木材的颜色反映木材的品质。木材呈自然本色表明其品质好，若受真菌等侵蚀，从表层到内部的受害部分就会失去其原有的光泽、颜色，表明木材已开始腐朽和变质。

木材因含有树脂、胶质、挥发油、单宁和其他成分常带有特殊气味。用于制作包装箱时，要考虑木材的气味，如松木、柏木、樟木等不宜做茶叶箱、蜜蜂桶和糖果食品箱，以免染上松节油或樟脑的气味；而用栎木盛装葡萄酒，栎木内含有的单宁则能增加酒的美味。

2. 木材的力学性能

木材的力学性能主要包括抗拉强度、抗压强度、抗弯曲强度、抗剪切强度和耐冲击强度等。这些性能随木材的种类、部位、年轮密度、含水率、树脂的含量和缺陷等因素的不同而不同。

3. 木材的加工性能

木材的加工性能包括可刨锯、可胶粘、可接榫和握钉等性能。加工性能与木材的硬度有密切关系，硬度大的木材耐磨损但难刨锯，硬度小的易加工但不耐磨损。

表 4－8　　几种木材的硬度（含水 15% 时）

木种名称	容重（g/cm^2）	硬度（kg/cm^2）		
		径面	弦面	端面
马尾松	0.515	253	279	292
臭冷松	0.384	143	164	220
红松	0.440	－149	－161	220
杉木	0.387	321	328	285
毛白杨	0.525	435	452	392
枫香	0.588	448	493	609
臭椿	0.672	431	464	548
栎树	0.605			541

木材的握钉性能指固着金属钉的能力。木箱是否牢固与木板之间的连接性有关，连接强度越高越牢固。木板主要靠铁钉连接，因而连接强度取决于木材的握钉力。握钉力是指木材对已钉入木材中的铁钉（或螺丝钉）拔出的阻力（对钉的抗拔力）。一般来说，顺纹方向的握钉力比横纹方向小，密度大的握钉力大但易裂钉，干材比湿材握钉力大，且湿材易使铁钉锈蚀而减小握钉力。此外，铁钉表面光洁度不同，木材握钉力的大小也不同，铁钉表面越粗糙，握钉力越大，所以可使用螺丝钉、星行或矩形截面的螺纹钉、倒刺钉等，以增加木材的握钉力。

4. 木材的耐腐蚀性能

要根据储存时间的长短考虑木材的耐腐蚀能力，而且要求它不腐蚀包装物。

（二）人造板材

1. 胶合板

胶合板是用原木旋切成薄片，经选切、干燥、涂胶后，按木材纹理交错重叠，通过热压机加压而成。其层数均为奇数，有三、五、七，甚至更多层。由于胶合板各层按木纹方向交错重叠，使各层的收缩与强度可以相互抵消，避免了木材的纵纹和横纹方向的差异影响，使胶合板不会发生翘曲、干裂。

胶合板的原木主要是椴木、水曲柳木、桦木和荷木等。其规格有：915 × 915mm，915 × 1830mm，915 ×2135mm，1220 × 1220mm，1220 × 1830mm，1220 ×2135mm，1220 ×2440mm，1525

×1525mm,1525×1830mm 等。三层板的厚度为2.5－6mm,五层板的厚度为5－12mm。

包装轻工、化工类商品的胶合板,多用酚醛树脂或脲醛树脂作粘合剂,制成的胶合板具有耐久、耐热和抗菌等功能。包装食品的胶合板多用豆胶和血胶作粘合剂,具有无臭、无味等特性。我国生产的胶合板的分类与特性见表4－9。

表4－9　**胶合板的分类与特性**

种　类	分类	名　称	胶　种	特　性
普通胶合板阔叶树材	Ⅰ类	NOF(耐气候耐沸水胶木板)	酚醛树脂胶或其他性能相当的胶	耐久、耐煮沸或蒸汽处理,耐热、抗菌
	Ⅱ类	NS(耐水胶合板)	脲醛树脂胶或其他性能相当的胶	耐冷水浸泡及短时间热水浸泡;抗菌,不耐煮
	Ⅲ类	NC(耐潮胶合板)	血胶带有多量填料的脲醛树脂或其他性能相当的胶	耐短期冷水浸泡
	Ⅳ类	BNS(不耐水胶合板)	豆胶或其他性能相当的胶	有一定的胶合强度,但不耐水
松木普通胶合板	Ⅰ类	Ⅰ类胶合板	酚醛树脂胶或其他性能相当的胶	耐水、耐热,抗真菌
	Ⅱ类	Ⅱ类胶合板	脱水脲醛树脂胶、改性脲醛树脂或其他性能相当的合成树脂胶	耐水、抗真菌
	Ⅲ类	Ⅲ类胶合板	血胶和加少量填料的脲醛树脂胶	耐湿
	Ⅳ类	Ⅳ类胶合板	豆胶加多量填料的脲醛树脂胶	不耐水湿

2.纤维板

纤维板原料有木质和非木质之分,前者是指木材加工后的下脚料和森林采伐剩余物,后者是指蔗渣、竹、芦苇、稻草、麦秆等。这些原料经过制浆、成型、热压等工序制成纤维板。纤维板规格一般有610mm×1220mm,915mm×2135mm,1220mm×2440mm。厚度为3mm、4mm、5mm。

纤维板板面宽平,不易裂缝,不易腐朽虫蛀,有较高的压缩强度、弯曲强度和耐水性能,但冲击强度不及木板与胶合板,适宜做包装木箱挡板和纤维板桶等。纤维板有硬质与软质两种,硬质抗拉强度可达300kg/㎡;软质纤维板结构疏松,具有保温、隔热、吸音等性能,一般用作包装防震衬板。

第四节　金属包装材料

一、金属包装材料的特点

包装用金属材料主要是钢材和铝材,其形式主要有薄板和金属箔,前者为刚性材料,后者为柔性材料。

金属作为包装材料,具有以下优良的性能。

（一）非常牢固，强度高、碰不碎、不透气、防潮、防光，能有效地保护内装物品，用于食品包装能达到中长期保存，并且对食品有保香性能，便于储存、携带、运输和装卸。

（二）有良好的延伸性，容易加工成型，制造工艺成熟，能连续化自动生产，其中钢板能镀上锌、锡、铬等，以提高其抗锈能力。

（三）表面装饰性好，有特殊的光泽，加之印刷色彩鲜艳的图文，将商品装饰得外表华丽、美观、适销。

（四）卫生安全，易再生利用。

但是，金属材料在包装上的应用受到其成本高、能量消耗大、流通中易产生变形、化学稳定性差、易锈蚀等因素的限制。

二、主要金属包装材料

金属种类很多，但包装用的金属材料只有两类。即黑色金属和有色金属。黑色金属主要有薄钢板、镀锌薄钢板、镀锌薄钢板等。有色金属包括铝板、合金铝板、铝箔、合金铝箔等。

（一）薄钢板

薄钢板又称黑铁皮，是一种普通低碳素钢板。它的尺寸规格一般为900mm×1800mm、1000mm×2000mm，厚度有0.5mm、1mm、1.25mm、1.5mm等。薄钢板具有较强的塑性与韧性，光滑而柔软，延伸率均匀，要求无裂缝、无皱纹等缺陷。主要用于制作桶装容器，成本较低。

（二）镀锌薄钢板

镀锌薄钢板简称镀锌板，又称白铁皮，是在低碳薄钢板表面镀上一层厚度为0.02mm以上的锌保护层，使钢板的防腐蚀能力大大提高。其尺寸规格一般为900mm×1800mm，厚度为0.44mm-1mm，具有强度高、密封性能好等特点。主要用于制作桶装容器，可盛装粉状、浆状、液状商品。

（三）镀锡薄钢板

镀锡薄钢板简称镀锡板，又称马口铁，是在低碳薄钢板两面镀上耐腐蚀的锡层而成。马口铁成银白色，光泽明亮，具有便于焊接、冲压、表面涂布和印刷等优良性能，且基本无毒、无害。

镀锡板从横断面观察可分为五层：最里面一层为钢基（低碳钢）；第二层为钢基与镀锡化合而成的锡铁合金层；第三层为镀锡层，具有光泽，是主要保护层；最外面两层是氧化膜和油膜，厚度极小，约0.00005mm，但却具有保护作用。

镀锡板的类别很多，主要分为素铁和涂料铁。素铁只有镀锡层。涂料铁要在镀锡层外再加涂层，所用涂料一般是一些高分子树脂（如环氧树脂、酚醛树脂等）和溶剂（如二甲苯、环己酮等）以及少量添加物。涂料铁主要用于食品罐头包装，具有抗酸、抗硫等作用。

国际上目前采用毫米作为镀锡板的厚度和尺寸单位，我国常用的尺寸规格有510×714mm和730×827mm。以往国外采用“磅/基箱”来表示镀锡板的厚度，基箱是一种特定的面积单位，一个基箱等于：20英寸×14英寸112张；28英寸×20英寸56张；30英寸×20英寸49张。1基箱=31360英寸2=20.2324立方米。通常所讲的英制厚度即指一基箱镀锡板的总重量，它与公制厚度的相应对照关系如表4-10所示。

表 4－10　　英制厚度与公制厚度的对照关系

英制厚度(磅/基箱)	70	80	90	100
公制厚度(mm)	0.2	0.23	0.25	0.28

镀锡厚度是以镀锡量表示，每平方米钢基板上所镀锡的质量称为镀锡量。国际上规定按每平方米镀锡板上锡的质量(g/m²)表示镀锡量。但在商业上习惯用每基箱镀锡质量(以磅为单位)的100倍作为标号，如：每基箱镀锡量为0.45kg(0.5磅)的标号为50。一般来讲，镀锡量越高，耐腐蚀性能越好，但成本也会相应提高。由于马口铁主要用于食品包装，所以要求比较高。锡的纯度必须在99.9%以上，含砷量不能超过0.015%，含铅量不能超过0.04%，否则就不符合卫生标准要求。

(四)镀铬薄钢板(TFS)

镀铬薄钢板，又称铬系无锡钢板，简称镀铬板，是表面镀有铬和铬的氧化物的低碳薄钢板。它是为节约用锡而发展的一种镀锡板代用材料，抗蚀性比马口铁稍差，使用前必须在内外层土涂料。镀铬板对有机涂料的附着力特别好，比马口铁高3～6倍，目前广泛用于罐头和其他制罐工业。罐头工业应用最多的是腐蚀性较小的啤酒、饮料罐及一般食品罐的底盖等，接缝必须采用熔接法或粘接法接合。

(五)铝合金薄板

铝合金薄板是铝镁、铝锰等合金经铸造、热轧、冷轧、退火、热处理和矫平等工序制成的薄板。其优点有轻便、美观、不生锈，卫生安全；不透光，有利于内容物的保存；加工及印刷性好，废旧罐易回收等。缺点是对酸和盐的耐蚀性较差，需经涂上涂料后使用。

铝合金薄板具有优异的金属压延性能，容易成型，易于形成薄壁，适于制造扁平冲拉罐和深拉冲拔罐，特别是制成易拉罐，开罐性十分优异。

(六)铝箔

铝箔是由电解铝经压延而成，极富延展性，厚度均薄，作为包装用铝箔厚度均在0.20mm以下。铝箔从用途上区分有：单独使用的铝箔，与纸、玻璃纸塑料薄膜等复合使用的铝箔，在表面着色的铝箔，表面覆膜的二次加工铝箔。

铝箔作为包装材料具有许多优异的性能。铝箔表面具有漂亮的金属光泽，并且可通过印刷装潢使其具有良好的展示效果。铝箔对水、水蒸气、各种气体、芳香物质和光线具有高阻隔性，可防止内容物吸潮、氧化变质，不易受微生物和昆虫的损害，因此可用于防霉、防菌、防虫害包装。铝箔可以耐高温蒸煮和其他热加工，并且具有很好的耐低温性能，适合于冷冻包装。铝箔易于加工，适宜于自动包装机械。

铝箔作为阻隔材料，其阻隔性与厚度密切相关。过薄易产生小孔，阻隔性差，因此要保一定的厚度。但厚度赠加会增大成本。我国生产的工业用铝箔有四种宽度范围，18种不同厚度，其系列产品如下。

铝箔宽度：10～39mm，39～130mm，130～220mm，220～600mm。

铝箔厚度：0.005mm、0.0075mm、0.010mm、0.012mm、0.014mm、0.016mm、0.020mm、0.025mm、0.030mm、0.040mm、0.050mm、0.060mm、0.070mm、0.080mm、0.100mm、0.120mm、0.

150mm、0.200mm。

铝箔的缺点是耐折性差、易起皱，耐撕裂性差，不耐酸碱、不能热封，因此一般不单独使用，多与纸、塑料等制成复合材料，这样既保持了铝箔的优良性能，又弥补了上述包装性能方面的不足。复合包装用的铝箔厚度可降至7－9μm。铝箔复合材料大量用于食品包装领域，如PET/AL/CPP可制作蒸煮袋，涂有PE等热封胶且预印的铝箔复合材料可用作杯、盒等的封口盖。

第五节　玻璃、陶瓷包装材料

玻璃与陶瓷属于硅酸类材料。其主要特点是有很强的耐腐蚀性能，强度较高，装潢、装饰性能好，因此广泛用于商业包装，也用于个包装，起宣传、美化作用。

一、玻璃包装材料

玻璃作为传统的包装材料沿用至今，仍是现代包装的主要材料之一。这源于玻璃所具有的优于其他材料的化学稳定性、高阻隔性、高透明性、无毒无异味，且原料来源丰富、价格低廉，以及便于回收等优良性能，使其在包装领域中仍占有一席之地。

（一）玻璃的化学组成

玻璃是由二氧化硅（SiO_2）等氧化物按一定比例，经高温熔融、冷却而形成的固态物质。大多数容器玻璃的材料属于钠－钙－硅玻璃系统，其主要氧化物为SiO_2、氧化纳（Na_2O）、氧化钙（CaO）等。SiO_2在玻璃中形成硅氧四面体的结构网，即玻璃的骨架。除此之外，容器玻璃成分中还常常含有氧化纳（Na_2O）、氧化钙（CaO）、氧化铝（Al_2O_3）、氧化镁（MgO）、氧化硼（B_2O_3）、氧化钡（BaO）、氧化钾（K_2O）、氧化铬（Cr_2O_3）、和氧化镍（NiO）等。

（二）玻璃的性能

1. 物理机械性能

玻璃的透明性好，阻隔性强，是良好的密封容器材料。加入不同氧化物，能使玻璃的化学稳定性和机械强度增高。对于需要遮挡紫外线的容器玻璃，如啤酒瓶、葡萄酒瓶等，加入Cr_2O_3、NiO能起着色作用，Cr_2O_3能形成棕色玻璃，NiO能形成绿色玻璃；对于化学稳定性要求较高的容器玻璃，如医药用瓶，加入B_2O_3能提高化学稳定性；加入BaO与K_2O能增加光泽，提高外观质量，可制高级香水瓶等。玻璃的坚固耐用性主要取决于机械性质。玻璃的抗拉强度一般为6～8kg/mm^2，抗压强度一般比抗拉强度高15～16倍，热塑或增加CaO含量可使抗拉强度增高；Na_2O、K_2O含量高时，抗拉强度会降低。玻璃的硬度很大，弹性和韧性差，属脆性材料，若玻璃表面有微小的裂痕就容易破裂，超过其强度极限就会立即破裂。

2. 热稳定性

玻璃有一定的耐热性，但在高温下会产生形态变化。容器玻璃成分中加入硅、硼、铅、镁、锌的氧化物，可提高其耐热性，以适应玻璃容器的高温杀菌处理。没有较大的耐热性，就难以抵抗温度急剧变化而出现的应力，从而发生破碎。

玻璃的热稳定性受抗张强度、热膨胀系数、弹性系数的影响最大。容器玻璃的厚度不均匀，或存在结石、气泡、微小裂纹和不均匀的内应力，都会影响热稳定性。

3. 光学性质

玻璃光学性质体现为透明性与折光性。对透明的容器玻璃来说，光线透过越多，被吸收的越少，其质量越好；透明玻璃管可透过90%的可见光。SiO_2、B_2O_3 等成分能提高玻璃透光性。玻璃还具有较大的折光性，这一性质使工艺品玻璃容器具有光彩夺目的效果。

4. 化学稳定性

玻璃具有良好的化学稳定性，这对盛装酸性或碱性食品以及针剂药液显得格外重要。

玻璃可用于运输包装，主要是存装化工产品如强酸类的大型容器；其次指玻璃纤维复合袋在存装化工产品和矿物粉料上的应用。玻璃用于销售包装，主要是玻璃瓶和平底杯式的玻璃罐，用来盛装各类商品。

二、陶瓷包装材料

(一)陶瓷的性能

陶瓷的化学稳定性与热稳定性均好。陶瓷能耐各种化学药品的侵蚀，透气性极低，历经多年不变形、不变质。它的热稳定性比玻璃好，在250℃～300℃时也不开裂，并耐受温度剧变。与塑料、金属及复合材料制作的包装容器相比，陶瓷更能保持食品的风味。陶瓷包装容器可利用其特有的色彩和造型艺术来塑造商品形象，体现悠久的中国文化和传统的民族特色。但陶瓷与玻璃一样，重容比大，且易破碎。此外，陶瓷容器不透明，生产率低，且一般不再重复使用，故成本较高，使其使用范围受到一定限制。

不同商品包装对陶瓷的性能要求也不同，如高级饮用酒瓶(如茅台酒)要求陶瓷不仅机械强度高，密封性好，而且要求白度好，具有光泽。一般包装用的陶瓷材料，主要要求其化学稳定性和机械强度。

陶瓷容器用于食品包装还要求具有卫生安全性。卫生安全性主要指上釉陶瓷表面釉层中重金属元素铅或镉的溶出。釉是覆盖在陶瓷坯体表面的玻璃质薄层，起到增加陶瓷的强度、阻气、阻水和保香性的作用。长期的研究表明，釉料(特别是色釉)中所含的有害金属，如铅、镉等，会溶入到所包装的食品中去，危害人体健康。

(二)包装陶瓷的种类及应用

1. 粗陶瓷

粗陶瓷多孔，表面较为粗糙，带有颜色，不透明，并有较大的吸水率和透气性，主要用作缸器。

2. 精陶瓷

精陶瓷又分硬度精陶(长石精陶)和普通精陶(石灰质、镁、熟料质等)。精陶瓷较粗陶瓷精细，坯白色，气孔率和吸水率均小于粗陶瓷。它们常用作缸、罐和陶瓶。

3. 瓷器

瓷器比陶瓷结构紧密均匀，坯均为白色，表面光滑，吸水率低，极薄瓷器还具有半透明的特性。主要用作瓷瓶，也有极少数陶罐。

4. 炻器

炻器是介于瓷器和陶器之间的一种陶瓷制品，也有粗炻器和细炻器两种，主要用作缸、坛、砂锅等容器。

第六节　包装辅助材料

包装辅助材料是在制造包装容器和进行包装过程中起辅助作用的材料，如胶粘剂、粘合带、捆扎材料等。

一、胶粘剂

胶粘剂主要用于包装袋和包装箱的封口等。胶粘剂具有操作简单，结合强度大，应力分布均匀，密封性好，适应广泛，并能增加绝热、绝缘性等优点。

胶粘剂种类繁多，成分复杂，从无机物到有机物，从天然材料到合成材料，都有许多物质可作为胶粘剂。胶粘剂按形态可分为溶液型、乳液（胶）型、热熔型和压敏型等；按操作温度可分为冷胶和热熔胶两大类。

（一）冷胶

冷胶为溶液型或乳液（胶）型。溶液型多为水溶性，有淀粉基和蛋白基的，如糊精、骨胶、酪素等。以纸制品应用最多，广泛用于手工操作的普通包装。化学溶剂的冷胶虽然粘合速度快，多有挥发物质，易燃或有毒性，只适合粘合疏水材料。

乳液型胶粘剂是具有粘合作用的热塑性树脂，在水中被分散乳化，待水分挥发或被吸收后固化的物质。其特点是粘合力强，能得到可靠的和长期稳定的粘结效果，具有足够的耐水、耐油性，比水溶性胶粘剂固化较快。常用的有醋酸乙烯乳胶、乙烯－醋酸乙烯共聚物乳胶。乳胶型胶粘剂是具有粘合作用的天然橡胶和合成橡胶的分散物。多用于纸箱、纸袋和裹包产品的封合。

（二）热熔胶

热熔胶是一种不含水分的固体粘合剂。在一定温度下呈流体状，经涂敷器涂敷到被粘合表面上，再压合使之散热，冷却固化，完成粘合作用。常用的热熔胶是以乙烯－醋酸乙烯共聚物为基础，与低分子量树脂和蜡组成的。

热熔胶的优点是粘合速度快，只需 2～3 秒，适于高速自动化工艺；不含水分及溶剂，不会因有机溶剂引起中毒或火灾等危害；用胶量少，生产效率高，操作费用低，虽单位重量价格较其他胶贵，但综合衡量经济效益高；无毒，适合食品包装要求。它的不足之处在于必须有涂敷设备；操作时易受环境温度的影响；耐热性有限度，多数热熔胶在 60℃ 以上粘合强度就显著下降。

二、粘合带

粘合带是将粘合剂预先涂敷于带状基材上制成胶带。按基材上涂敷的粘合剂种类不同，分为胶质带、胶粘带、热敏带三种。其中胶粘带使用最多。

胶质带多以牛皮纸为基材涂以植物冷胶，使用时用水浸湿再进行粘合，经自然干燥或加热干燥完成粘接过程。多用于纸制品的密封。

胶粘带也称压敏胶带，是在基材上涂以橡胶或树脂为主要成分的粘合剂。使用时不需要加热或用水湿润，只要贴上去压一段时间即可达到满意的粘合效果。常用的是聚丙烯胶粘带。

热敏带是将热熔胶热涂布在基材上,制成的热熔密封胶带。

三、捆扎材料

捆扎材料是用来扎牢、固定、加固产品或包装件的挠性带状材料。捆扎的作用表现在打捆、压缩、缠绕、包扎、保持形状、提高强度、封口防盗、便于处置、防止破损等。常用的捆扎带有:

(一)刚带

一般用冷轧低碳钢制成。其抗拉强度在所有的捆扎带中最大,适用于重型包装箱和货物的捆扎。

(二)聚酯带

这种塑料捆扎带具有很大的抗拉强度和很高的保持应力,可代替轻型钢带,价格比钢带便宜。

(三)聚丙烯带

它具有很高的延伸率和延伸恢复量,但应力保持能力不如聚酯带和尼龙带,是捆扎带中最便宜的一种,适用于托盘等集合包装和纸箱的捆扎。

(四)尼龙带

其延伸率和延伸恢复量比聚酯带和聚丙烯带都大,并具有较高的保持应力,是塑料带中最贵的一种,适合捆扎较重且需要高保持应力的物品。

※习题

一、名词解释

1. 瓦楞纸板
2. 蜂窝纸板
3. 胶合板
4. 马口铁
5. 玻璃

二、填空

1. 纸和纸板是按________和________来区分的。

2. 瓦楞形状可分为________型、________型和________型三种。其中________型耐压强度较高,并具有一定的缓冲性,是最常用的瓦楞纸板。

3. 瓦楞纸板按瓦楞的层数分为________、________、________和________。

4. 常用的包装材料主要有________、________、________、________、________等,使用量最大的是________。

5. 镀锡薄钢板由内向外主要有________、________、________、________和________五层。

6. 包装辅助材料主要有________、________和________等。

7. 包装用人造板材包括________和________。

三、选择

1. 玻璃纸常用代号来表示,其中 MT 表示(　　)。

A. 未经涂布处理的普通玻璃纸　　B. 经双面防潮处理但不能热封的玻璃纸

C. 经双面防潮处理而且具有热封性的玻璃纸

2. 一般来讲,纸的划分标准是(　　)。

A. 定量 250g/m² 以上或厚度在 0.1mm 以下

B. 定量 250g/m² 以上或厚度在 0.1mm 以上

C. 定量 250g/m² 以下或厚度在 0.1mm 以下

3. (　　)型瓦楞为大瓦楞,具有很好的弹性和防震缓冲性。可用于包装易碎品及对冲击、碰撞要求很高的商品。

A. A 型　　B. B 型　　C. C 型　　D. E 型　　E. K 型

4. 下列哪种塑料材料不适宜直接用来包装食品。(　　)

A. LDPE　　D. PP　　C. PVC　　D. PET

5. 铝箔作为包装材料具有的优异的性能包括(　　)。

A. 能热封　　B. 耐高、低温　　C. 耐折性好　　D. 阻隔性高

[案例思考]

镀陶瓷膜食品包装待开发

镀陶瓷膜也称 GT 膜,1996 年由日本印刷公司和东洋油墨公司开发引入市场,并立即引起了包装行业的极大注意。镀陶瓷膜的加工镀膜方法与通常的镀金属方法相似,基本上按我们已知的加工方法进行。

近年来,人们对食品包装的要求越来越高,对食品包装膜也提出了更高的要求,如耐热性、高阻隔性、良好的透明度和优良的可透微波性。最近,越来越多引人注目的是具有高功能和良好环保适应性的透明镀陶瓷膜。这种膜尽管目前价格较高,物理性能还有待进一步改进,但可以预计,在不远的将来它将在食品包装材料中占据重要的地位。

镀陶瓷膜由 PET(12μ)和陶瓷(SiOx)组成,氧化硅又分成四类 SiO、Si_3O_4、Si_2O_3、SiO_2。然而,在自然界通常以 SiO2 形式存在,根据镀金属条件,它们的变化很大。对这种膜的主要要求是具有良好的透明度、极佳的阻隔性、优良的耐蒸煮性、较好的可透微波性与良好的环境保护性以及良好的机械性能。

在复合过程中,镀陶瓷膜基本上可以用制作镀铝膜一样的条件制取。在制取过程中,仔细处理表面层,不使镀层受到损伤是极其重要的。由于这种膜是由氧化硅处理的,表面具有极好的润湿性。因此,它在油墨或粘合剂的选择范围上比较广,几乎与任何油墨或粘合剂都能亲和。聚氨酯类粘合剂是最可取的粘合剂,而油墨可以按用途任意选择,用不着进行表面处理。

然而,镀陶瓷膜不像镀铝膜那样容易与聚乙烯复合,因为当 PET 氧化硅表面直接用聚乙烯高温涂布或复合时,易趋向于伸长,从而破坏氧化硅表面层,导致阻隔性下降。同时,在目前条件下,由于技术工艺上的问题,PET 膜在镀陶瓷过程中有时会发生卷曲,从而影响膜的质量。当然,这类问题正在解决之中。

从市场需求的视角看,值得开发的镀陶瓷膜首先是用作细条实心面的调味品包装材料。其优良的包装性能引起了人们的注意。

由于其极好的阻隔性，除了作为高阻隔性包装材料做食品包装外，预计还可用在可使用微波的容器上作为盖材，在调味品、精密机械零配件、电子零件、药物和医药仪器等方面作为包装材料。随着加工技术的进一步发展，这种膜在成本上大幅下降，它将得到迅速推广和应用。

来源：中国食品报 2006－06－12

思考：课后收集资料，对一种新的包装材料进行介绍（优点、成本、适用范围等）。

◆——第5章　物流包装技术

●本章主要内容

★防霉与无菌包装技术

物品霉腐的因素，包装材料的抗霉性，防霉包装方法的选择。

无菌包装技术。

★防氧与防虫包装技术

防氧包装技术，防虫包装技术。

★防潮与防锈包装技术。

防潮包装技术，防锈包装技术。

★防震包装技术

产品的脆质缓冲，包装材料的选择，缓冲包装方法

★收缩与拉伸包装技术

收缩包装拉伸包装。

★集合包装技术

集装箱托盘，集装集装袋。

★危险品包装

放毒包装，防蚀包装，防燃、防爆包装。

---

*

活性包装材料与活性包装技术

活性包装材料与活性包装技术的应用已经成为食品安全包装的一种发展趋势。所谓活性包装技术就是使用活性包装材料，使之与包装内部的多余气体相互作用，以防止包装内的氧气加速食品的氧化。20世纪70年代，除氧活性包装体系应运而生，不久脱氧剂开始用于食品包装。事实证明，活性包装能够有效保持食品的营养和风味。由于材料科学、生物科学和包装技术的进步，近年来活性包装技术发展很快，其中铁系脱氧剂是发展较快的一种，先后出现了亚硝酸盐系、酶催化系、有机脱氧剂、光敏脱氧剂等，使包装食品的安全性日益完善。

第一节　防霉与无菌包装技术

防霉包装是为防止内装物长霉影响质量而采取一定防护措施的包装。在储运食品和其他含碳水化合物物品时，物品表面可能生长霉菌，在流通中如遇潮湿，霉菌生长及快，甚至延伸至物品内部，使其腐烂、发霉、变质；一些机械、电工、仪器、仪表产品表面长霉，不但影响外观，还会导致机能故障，对金属产品还能引起腐蚀的加快。因此要采取特别防护措施。

一、物品霉腐的因素

霉菌是一种真菌，具有繁殖快、对环境适应能力强、营养类型多、易变异、分布广等特点。

霉菌生长繁殖除需要物品提供的营养物质外，还需要有一定的温度、湿度、酸碱度（PH值）、氧气等条件。①霉菌生长最适宜的温度为25～35℃，个别菌种能在50℃以下和在－6℃的冷藏肉食上生长。②大多数霉菌都生长在相对湿度75%以上的环境中，只有少数耐干的霉菌能在60%～70%的相对湿度下生长；对于一般的霉菌来说，环境相对湿度低于65%时，霉菌孢子就趋于不萌发和不生长状态，高于65%时，湿度越大，霉菌生长越快。③霉菌生长还需要有一定的酸碱度环境，在pH值为1.5～10.0范围内能生长，在pH值4－6之间生长发育最好。④霉菌与植物一样，具有呼吸作用，吸收氧气，放出二氧化碳，试验表明，霉菌中的青霉、毛霉在空气中CO_2浓度达20%时，死亡率会达50%～70%；CO_2浓度达50%时，霉菌全部死亡（孢子除外）。

二、包装材料的抗霉性

包装材料（包括内、外包装和衬垫材料）的抗霉性有很大差异，大致可分为三种类型。

（一）抗霉性较好的材料

它主要指金属材料（以钢铁和铝为主）和钙塑瓦楞纸和箱。金属容器比任何其他材料制成的容器更能耐霉；钙塑瓦楞纸和箱是以聚烯烃树脂为基料，轻质碳酸钙为填料，配以少量助剂，通过压延热粘等成型加工方法制造而成的，防霉性较好。

（二）半抗霉性材料

半抗霉性材料大多是一些塑料及其复合材料。在包装中使用较多的是聚乙烯、聚丙烯、聚苯乙烯等，将其热塑成软薄膜、薄片，溶化后通过挤压、吹塑等工艺成型为各种瓶、罐、盒等塑料容器。上述容器多数有可能会不同程度地长霉，并因原料和配比量的不同而有所差别。

（三）不抗霉材料

纸、纸板、油毛毡、木材、棉麻纤维织物、绳索等几大类材料都比较容易长霉，因此使用时需经防霉处理来提高其抗霉性能。

不抗霉的材料进行防霉处理时，最好在材料的生产工艺过程中把防霉剂直接加入，制成防霉材料。如果用不抗霉的材料制包装容器，可用防霉剂浸渍或涂刷进行防霉处理。常见的防霉剂有：多菌灵（$C_9H_9O_2N_3$），用于铜版纸、白板纸、商标纸、棉麻制品等包装材料的防霉剂，使用时配成0.3%的悬浮液；百菌清（$C_8Cl_4N_2$），用于制、皮革等材料及制品，配制浓度0.1%～0.5%；霉菌净（$C_{13}H_{10}O_2Cl_2$），最适宜于木材，配制浓度0.1%～0.5%。

三、防霉包装方法的选择

（一）防霉包装等级的选择

国家标准（GB/T4768－1995）中规定了防霉包装等级，如表5－1所示。实践中防霉包装等级要根据产品性质、用途、运输仓储环境和总成本核算来选择确定。

表5－1　防霉包装等级

包装等级	要　求
Ⅰ级包装	内外包装材料与包装件表面，按GB/T 4857.21进行28天霉菌试验，均未发现霉菌生长 Ⅰ级包装是在2年内经常处于GB 4797.3中所规定B4区中或相应的环境条件（如海边、坑道等）下的包装件，在运输过程中常处于GB 4798.2中规定的aB1区或有霉菌生长条件的aB2、aB3区域内，但包装件已采取防霉措施
Ⅱ级包装	经28天霉菌试验后，内包装密封完好，产品表面未见霉菌生长，内包装薄膜表面亦无霉菌生长。外包装（以天然材料组成）局部区域有霉菌生长，生长面积不得超过整个包装件的10%，但还能因长霉而影响包装件的使用性能 Ⅱ级包装的产品是经常处于GB 4797.3中规定的B2、B3区的环境条件下的包装件
Ⅲ级包装	经28天人工加速霉菌试验后，产品及包装均出现局部长霉现象，长霉面积不得超过包装件全面积的25% Ⅲ级包装适合于GB 4979.3规定的B1区与GB 4798.2中规定的aB1区或相应环境条件下的包装件。包装件本身未采取任何防霉措施
Ⅳ级包装	产品包装件进行28天霉菌试验后，局部或整件产生严重长霉现象，长霉面积占包装件全面积的25%以上。若试验延长至84天，试验期内包装材料机械性能下降，产生霉斑而影响外观 Ⅳ级包装的产品不适于湿热季节在GB 4797.3规定的B2、B3及B4区之间或相应环境条件下进行长时间的运输和储存

上表说明，对于外观和性能均有要求的物品，可选Ⅰ级包装；对于霉菌不敏感或要求较低的商品，可选级Ⅱ或Ⅲ级包装。

（二）防霉包装方法的选用

防霉包装可以有多种方法选用：可选用耐霉材料、防霉剂处理来防霉，通过改变产品结构达到表面隔离而防霉；通过包装结构和工艺设计达到防霉目的；还可以控制包装件储运环境来防霉。防霉包装技术大致可分为密封包装和非密封包装两大类。

1. 密封防霉包装

(1) 气调防霉包装技术

气调防霉包装是通过改变包装内空气组成成分，以降低氧的浓度，形成低氧环境来抑制霉菌的生命活动和生物性产品的呼吸强度，从而达到防霉的目的。包装技术的关键是密封和降氧。降氧方法有机械降氧法（主要有真空充氮法和充二氧化碳法）和化学降氧法（在密封容器内放置脱氧剂和氧指示剂来控制氧气浓度）。见第二节。

(2) 干燥空气防霉包装

选择气密性好且透湿度低的各类容器或复合材料等进行密封包装，在密封容器内放干燥剂（如硅胶）及湿度指示纸（如氯化钴湿度指示纸，当湿度大于60%时由蓝变成粉红），以控制包装容器内的相对湿度，技术关键是密封和降湿。

(3) 挥发性防霉剂防霉

根据物品的具体情况，在密封包装容器内放置具有抑菌作用的挥发性防霉剂（如多聚甲醛、甲醛、环氧乙烷等）进行防霉包装。

一般，对外观及性能要求高的商品可选用密封包装，来防止其在运输、储存过程中长霉。

2. 非密封性防霉包装

对于易长霉的物品或零部件经有效的防霉处理后，在不密封的条件下，外包防潮纸，然后再包装，就能够达到防霉效果。

对属于长霉敏感度较低或吸水率低的物品，装入体积较大的包装箱时，可在包装箱两端上部开设通风窗，以控制包装箱内的含湿量。通风窗的作用是防止和减少物品由于温度升降产生凝露而发霉。

对于食品可采用温控防霉包装技术，即通过控制物品及其周围环境的温度，使其低于霉腐微生物生长繁殖的最低极限，从而降低酶活性，抑制微生物的生命活动。包括低温防霉包装和冷冻防霉包装技术。低温防霉包装是短时期在0℃左右的温度下包装储藏，适用于含水量大又不耐冷冻的易腐食品（如蔬菜、水果、鲜蛋等）；冷冻防霉包装是在－16℃～－20℃左右的温度下包装并要求储藏较长时间。

四、无菌包装技术

无菌包装技术是在包装物、被包装物、包装辅助器材均无菌的条件下，在无菌环境中进行充填和封合的一种包装技术。无菌包装常用于乳制品、果汁、饮料、食品和某些药品，尤其是液态食品的包装。经过无菌包装的食品在常温下可以储存12～18个月不变质，风味可以保存6～8个月不损失。经过无菌包装的食品在储存、运输及销售时无须冷藏，延长了产品的储存期。

（一）物料灭菌技术

1. 巴氏杀菌技术

巴氏杀菌技术是将食品充填密封于包装容器后，在低于100℃温度下保持一段时间。其目的是最大限度地消灭微生物。巴氏杀菌温度低、时间短、不破坏食品的营养与风味，主要用于果汁饮料、乳类饮料、啤酒、肉制品等食品的灭菌，杀菌对象是酵母、霉菌和乳酸杆菌等。

2. 超高温瞬时灭菌(UHT)技术

超高温瞬时杀菌是指在135℃～150℃温度条件下,短时间对被包装食品进行杀菌处理,以杀灭包装容器内的细菌。采用这种技术,不仅能保证食品质量,生产效率也可大大提高。目前广泛用于牛乳、果汁、果汁饮料、瓶装水及其他产品的无菌包装。

超高温杀菌技术的基本原理是建立在食品营养成分遭受热力破坏的温度及微生物受热死亡的温度之间有很大差异的基础上的。杀菌时间过长,必然导致食品的品质下降,特别是对食品的颜色及风味影响较大。经研究表明,杀菌温度增加10℃,取得同样杀菌效果的时间仅为原来杀菌时间的1/10。在杀菌条件相同的情况下,超高温杀菌与低温长时间杀菌相比,不仅杀菌时间显著缩短,而且与质量有关的食品成分保存率也很高。表5－2为高温杀菌时芽孢致死时间和食品成分保存率的关系。

表5－2　在高温杀菌时芽孢致死时间和食品成分保存率

温度/℃	芽孢致死时间	食品成分保存率/%	温度/℃	芽孢致死时间	食品成分保存率/%
100	400min	0.7	130	30s	92
110	36min	33	140	4.8s	98
120	4min	73	150	0.6s	99

目前,产品的灭菌技术也有了改进。比如UHT灭菌法和保持灭菌法相结合的二次灭菌法,结合了两者的优点,目前在国内外颇为流行。它主要用于瓶装牛奶的生产。它是将牛乳经UHT灭菌机,在130℃～150℃、0.5～15s条件下加热灭菌后,装瓶、封盖,之后在110～116℃下保持15～20min灭菌。由于牛乳先行UHT灭菌,基本上处于无菌状态,因而保持灭菌的加热强度可明显降低,制品的风味和色泽可得到明显改善。

还有超高压杀菌技术的应用,它是将产品置于500MPa以上的压力下杀菌一段时间,杀死其中的大部分或全部的微生物、钝化酶的活性,从而达到保存食品的目的。由于几百个MPa的压力不会使食品的温度升高,因此没有色、香、味及营养成分的劣变,可以较多地保留食品原有的风味。

(二)包装材料或容器灭菌

包装材料或包装容器的杀菌主要有化学药物及紫外线杀菌等方法,但前者杀菌后要彻底清洗及干燥,使化学残留物减至最低限度。随着杀菌工艺技术的不断更新,也产生许多新的杀菌方式,如采用高强度紫外线和低浓度过氧化氢相结合的灭菌方法给包装容器灭菌。由于过氧化氢浓度很低,对于残留的过氧化氢也无须采取措施,避免了传统过氧化氢杀菌需高温、长时间等问题。

无菌包装容器一般采用复合材料,以纸、塑料和铝箔等材料通过不同形式的挤压、复合成型,外形根据不同用途有方型、多角型和屋脊型。

无菌包装生产系统包括物料(食品)杀菌系统,无菌包装机,包装材料或包装物的供应及杀菌系统,自动清洗系统,设备预杀菌系统,无菌环境保持系统及自动控制系统等。

第二节　防氧与防虫包装技术

一、防氧包装技术

商品在储运过程中若与氧气长期接触,必然会受到不同程度的损害。为了防止因氧气作用而降低流通商品的品质,一般可采用防氧包装(或称隔氧包装或除氧包装)。也就是说,在减少或消除包装内部氧气的同时,以适当的包装结构和材料将包装内部与外界空气隔离,从而达到保护商品的目的。对于高分子材料制品,防氧包装既是一种防霉包装,也是一种防老化包装;对于食品,防氧包装既是一种无菌化包装,又是一种防腐败包装。

防氧包装是选择气密性好、透湿度低、透氧率低的包装材料或包装容器对产品进行密封包装材料或包装容器进行密封包装的方法。其主要特点是在密封前抽真空或抽真空充惰性气体或放置适量的除氧剂与氧的指示剂,将包装内的氧气浓度降至0.1%以下,从而防止产品长霉、锈蚀或氧化老化。最初防氧包装主要应用于食品、贵重药材、橡胶制品的包装,近几年来又扩大到精加工零件、电子元器件、无线电通讯整机、精密仪器、机械设备、农产品等方面的包装。防氧包装的方法主要有三种,即真空包装、充气包装、脱氧剂的防氧包装。

(一)真空与充气包装

真空包装是将产品装入气密性包装容器,在密封之前抽真空,使密封后的容器内达到预定真空度的一种包装方法。充气包装是在已充填内装物的气密性容器中充填惰性气体(如N_2、CO_2等)的一种包装方法。

真空与充气包装的目的相同,工艺过程略有差异,其机理有三方面:除氧、阻气、充气。

在真空与充气包装设计是要注意以下几点:

1. 首先要了解被包装物品的性能及主要的防护要求。根据产品的不同性能,选择适当的气体充气。

2. 选择适当透气度或其他特殊要求的包装材料或容器。有的物品的包装要求材料或容器的透气性越低越好;有的物品(鲜菜、鲜果)则要求包装内有适当浓度的氧气,因此要选择有适当透氧性材料;有的物品要避光保存,因此要选择有色的材料和容器;有些油性物品还要求材料或容器有耐油性。此外,有些材料有毒,不能用于食品的包装。

3. 抽真空与充气的量要与容器的刚性相适应,否则包装会出现皱折或胀破的现象。

4. 真空与充气包装方法的选择。物品选用哪种包装方法是由许多因素决定的,其中最重要的是产品的形态。

表5-3　　真空充气包装的选用实例

类别	包装要求	产品	气调包装	材料
肉禽	除氧、隔氧、充入保护气体，抑制嗜氧菌、霉菌繁育，有时充入高浓度氧以维持肉鲜红色	香肠	真空包装	PA/PE, PA/PVDC/PE, PET/PVDC/PE, Ionomer（离子键聚合物）/PET/PE
		鲜肉	充气包装，65% ~80% O_2，35% ~20% CO_2，5℃冷藏	PVDC, PET, PA, EVOH, PT/PE, PET/PE, PA/PE, PVA/PE, EVA/PVDC/EVA, PA/Ionomer
糕点	除氧、隔氧、充入保护性气体、抑制嗜氧菌、霉菌繁育，防止油脂氧化	蛋糕月饼	脱氧包装	OPP/PVDC/PE, OPP/EVAL/PE, PET/PVDC/PE, PET/EVAL/PE
		馅饼	充气包装，70% CO_2，30% N_2	PET/PE, PET/EVAL/PE PA/Ionomer/PE
果蔬	透气、保温，使包装内维持低氧（约1% ~6% O_2）高二氧化碳（约1% ~10% CO_2）气氛，以抑制果蔬呼吸作用，防止缺氧呼吸和防止失水萎蔫	莴苣	自然气调	PVC袋
		香蕉	自然气调	发泡PS浅盘，PVC膜封盖
		花椰菜	充气包装5% O_2，5% CO_2，10℃下储存	PVC片浅盘，PVC膜封盖
		胡萝卜	充气包装3% ~4% O_2，10% CO_2，5℃下储存	纸板浅盘，LDPE膜封盖

（二）脱氧剂包装技术

脱氧剂包装是在密封的包装容器中，使用能与氧气起化学作用的脱氧剂，从而除去包装容器中的氧气，使内装物在无氧的条件下保存，以达到保护内装物的目的。通常先将脱氧剂充填到透气的小袋中，然后再放进包装内。

脱氧剂包装技术弥补了真空包装技术和充气包装技术那种物理除氧不能达到100%的不足，适用于某些对氧气特别敏感的物品。目前主要用于食品保鲜，如礼品糕点、茶叶等，还用于毛皮、书画、古董、镜片、精密机械零件及电子器材等的包装。

脱氧剂包装技术的优点是：

1. 完全杜绝氧气的影响，可以防止氧化、变色、生锈、发霉、虫蛀等现象。

2. 既能把容器内的氧气全部去除，又能除去外部进入包装容器内的氧气以及溶解在液体中的氧气。因此无论粉末状食品、液态食品还是海绵状食品都可在包装容器内长时间处于无氧状态下保存。

3. 方法简便，不需大型设备。

它的不足之处在于：脱氧剂氧化时必须有水，还要注意防止化学反应生成物对包装物的污染，同时脱氧剂包装还会造成容器1/5的收缩，成本较高。

脱氧剂的类型有：铁系脱氧剂、亚硫酸系脱氧剂、加氢催化剂型脱氧剂、葡萄糖氧化酶脱氧剂、抗坏血酸（维生素C）脱氧剂等。

二、防虫包装技术

商品在流通过程中，仓储环节的主要危害之一是仓库害虫（简称仓虫）对内装物的损害。防虫包装是为保护内装物免受虫类侵害而采取一定防护措施的包装。目的就是要破坏害虫的正常生活条件，扼杀和抑制其生长繁殖，以防止害虫蛀蚀商品，并防止其新陈代谢中排泄的污物玷污商品。通常采取的方法有下列几种。

（一）高温防虫害包装技术

高温防虫害包装技术就是利用较高的温度来抑制害虫的发育和繁殖。当环境温度上升到 40℃～45℃时，一般害虫的活动就受到抑制；至 45℃～48℃时，大多数害虫将处于昏迷状态（夏眠）；再上升到 48℃以上就会死亡。

高温防虫害包装可采用烘干杀虫、蒸汽杀虫等方法。烘干杀虫一般是将待装物品放在烘干室或烘道、烘箱内，使温度在 65℃～110℃之间，也可根据待装物品的规格、品种及容易滋生的害虫种类的特性来决定所需的温度与时间；蒸汽杀虫一般是将待装物品放在蒸汽室，用温度在 80℃左右的蒸汽处理 15～20min，害虫可以被完全杀死。

（二）低温防虫害包装技术

低温防虫害包装技术是利用低温抑制害虫的繁殖和发育，并使其死亡。仓虫一般在环境温度 8℃～15℃时开始活动，4℃～8℃时处于冷麻痹状态，如果这种状态延续时间加长，害虫就会死亡。－4℃时一般害虫致死的临界点，当温度降至临界点时，由于虫体体液在解冻前释放出能量，使体温回升，已冻僵的害虫往往会复苏，如果继续保持低温，害虫就会真正死亡。采用冷冻设备，如冷冻机、低温冷藏库等将温度降到 0℃以下，足以达到防虫目的。

（三）电离辐射防虫害包装技术

这种包装技术是利用 X 射线、γ 射线、快中子等杀伤力能力使害虫死亡或不能繁殖，从而达到防虫害的目的。

（四）微波与远红外线防虫害包装技术

微波杀虫是害虫在高频电场的作用下，虫体内的水分、脂肪等物质受到微波的作用，其分子发生振动，分子之间产生剧烈摩擦，生成大量的热能，使虫体内部温度迅速上升，可达 60℃以上，因而致死。微波杀虫具有处理时间短、杀虫效率高、无有害残留等优点。但微波对人体健康有一定影响，应采取必要的保护措施。远红外线具有与微波相似的作用，能迅速干燥储藏物品和直接杀死害虫。

此外，还可以用防虫、杀虫剂处理包装材料，或在包装容器中放入防虫、驱虫剂，利用药物在包装中挥发气体杀灭和驱除各种害虫。如除虫菊与丁氧基葵香精混合物用于多层纸袋，是一种安全的杀虫剂。常用驱虫剂有萘、对位二氯化苯、樟脑精等。也可采用真空包装、充气包装、吸氧剂氧包装等技术，使害虫无生存环境，从而防止虫害。

第三节　防潮与防锈包装技术

一、防潮包装技术

在商品流通过程中，商品不可避免地要受到环境潮湿空气侵袭，严重的将会导致内装物变质和失效。防潮包装就是采用防潮材料对物品进行包封，以隔绝外部空气相对湿度变化对物品的影响，使得包装内的相对湿度符合内装物的要求，从而保护其质量的方法。

（一）包装材料的的防潮性能

包装的防潮作用主要决定于包装材料的防潮性能和封口的密封性能。通常在保证封口密封的条件下，包装的防潮性能指包装材料的水蒸气渗透性，用透湿度表示。在单位面积上，单位时间内所透过的水蒸气的重量称为透湿度。在使用包装材料时，常用透湿度分类：透湿度0（g/㎡·24h）为完全防潮材料；透湿度1（g/㎡·24h）以下为非常高的防潮材料；透湿度5（g/㎡·24h）以下为高度防潮材料；透湿度15（g/㎡·24h）以下为较好的防潮材料。金属、玻璃和一定厚度的铝箔及含铝箔的复合薄膜，都是水汽完全不能透过的材料，而塑料薄膜和加工纸制品在一定条件下是能透湿的防潮材料。表5－4和表5－5是常用防潮包装材料的透湿度。

表5－4　常用柔性防潮包装材料的透湿度

材料名称	薄膜厚度/mm	透湿度/[g/(m^2·24h)]
聚乙烯薄膜	0.03	<25
	0.04	<20
	0.05	<18
	0.06	15
	0.08	11
	0.10	6.2
	0.15	4.2
	0.20	2.2
	0.25	2
聚氯乙烯薄膜	0.15	23.9
	0.25	21.0
聚氨酯	0.22	170～220
玻璃纤维增强双层聚乙烯	1.05	10～13
偏氯乙烯	0.03	8～10
丁基胶布	0.45	1.5～2.2
铝塑薄膜	0.39～0.44	0.2～0.5
铝箔	0.007～0.008	<7
	0.008～0.010	<5
	0.010～0.015	<2.5
	0.015～0.020	<1.5
	0.020～0.025	0

表5-5 常用复合薄膜的透湿度

复合薄膜组成	透显度/[g/(m² · 24h)]
玻璃纸30g/m² 聚乙烯20~60μm	12~35.3
防潮玻璃纸/聚乙烯10~60μm	10.5~18.6
拉伸聚丙烯18~22μm/聚乙烯10~70μm	4.3~9.0
聚酯12μm/聚乙烯50μm	16.5
聚碳酸酯20μm/聚乙烯27μm	12.4
玻璃纸30g/m²/纸40g/m²/聚乙烯20m	2.0
玻璃纸30g/m² 纸70g/m²/聚偏二氯乙烯20g/m²	<1.0
玻璃纸30g/m²/铝箔40/聚乙烯20μm	0
聚乙烯/铝箔/纤维细节	0
聚乙烯/铝箔/人字玻璃布	0
聚乙烯/铝箔/涤纶	0
聚乙烯/铝箔/亚麻布	0

(二)防潮包装技术的选择

防潮包装技术的选择要根据内装物的形状、性质、防潮要求来确定。

1.包装等级的选用

在选择包装等级中,应首先分别根据内装物的性质、储运环境气候特征和估计需要的储运期限,确定包装等级;然后根据所选择的等级来选择防潮阻隔层材料的透湿度及容器。国家标准"防潮包装"(GB/T-1999)对防潮包装进行如下分级,见表5-6~表5-8。

表5-6 储运环境气候类别

气候种类		A	B	C
气候特征		高温、高湿	中等温湿度	常温常湿
气候条件	温度(℃)	>30	30~20	<20
	相对湿度(%)	>90	90~70	<70
	绝对湿度(mb)	>38	38~16	<16

表5-7 防潮包装等级与储运条件

等级	包装储运条件		
	储运期限	气候种类	内装物性质
Ⅰ	1年以上 2年以下	A	贵重、精密、对温度敏感、易生锈、长霉变质的产品
Ⅱ	半年以上 1年以下	B	较贵重、较精密、对湿度轻度敏感的产品
Ⅲ	半年以下	C	对湿度不甚敏感的产品

表 5－8　　包装用防潮阻隔材料的透湿度

防潮包装等级	薄膜/[g/(m²·24h)]	容器/[g/(m²·30d)]
Ⅰ	<2	<5
Ⅱ	<5	<15
Ⅲ	<15	<450

2. 防潮包装类型和方法的选用

防潮包装类型和方法的选用，要经过通盘考虑后，选用保护性、经济性、可操作性等均较优越的防潮包装类型和方法。可选用的防潮包装类型见表 5－9。

表 5－9　　防潮包装类型

类型序号	名　称	方　法
1	刚性容器密封包装	采用透湿度为零的金属或非金属刚性容器，将干燥的内装物置于容器，将容器口焊封或用盖密封
1.1	加干燥剂密封包装	将干燥的内装物，连同适量干燥剂置于刚性容器内，再将容器口焊封或用盖密封
1.2.1	不加干燥剂的真空包装	将干燥的内装物，装入气密性刚性容器内，抽出包装体内残留潮湿空气，并加以密封，防止潮湿空气及凝露对内装物的侵蚀影响
1.2.2	不加干燥剂的充气包装	将干燥的被包装物，装入气密性的刚性容器内，抽出包装体内残留潮湿空气，再充入干燥清洁的空气或惰性气体（如氮气），并加以密封以避免潮湿空气对内装物的影响
2	柔性材料容器加干燥剂密封包装	采用低透温度的柔性材料制成容器，将干燥的被包装物和适量干燥剂置于其中，然后将容器密封，使包装内残留的潮气为干燥剂所吸收，从而保护内装物免受潮气影响
2.1	单层薄膜加干燥剂密封包装	采用的低透湿度的柔性材料为单一薄膜，然后加干燥剂并密封
2.2	复合薄膜加干燥剂密封包装	采用的低透湿度的柔性材料为复合薄膜，然后加干燥剂并密封
2.3	多层密封包装	采用塑料薄膜加干燥剂包装后再用蜡纸包装浸蜡，以提高防潮性或进行其他再次包装
3	复合薄膜真空包装	将干燥的产品装入防透气性防潮性、较好的复合薄膜容器内，然后将容器内的空气抽出并加以密封，使内装物与外界大气隔绝
4	复合薄膜充气包装	将干燥的产品装入防透气性、防潮性较好的复合薄膜制成的软性容器内，再将其内存空气抽出，并置入等量干燥清洁的空气或氮气、二氧化碳气体，然后给予密封
5	热收缩薄膜包装	采用热收缩薄膜，将干燥产品包装起来，然后通过热空气加热，使薄膜收缩，从而使包装体内部空气压力稍高于外部大气压，外部潮湿大气不易渗入其内部，减少外界潮湿大气的浸蚀作用

二、防锈包装技术

金属和合金制品极易受水分、氧气、二氧化碳、二氧化硫、盐分、尘埃等的影响而造成变色和各种腐蚀,称之为锈蚀或生锈。为防止内装物锈蚀采取一定防护措施的包装,称为防锈包装。

(一)金属锈蚀的基本原理

金属锈蚀有化学腐蚀和电化学腐蚀两种类型。

1. 化学腐蚀是指金属在干燥气体或无电解质存在的环境中,受氧化物质直接作用的结果。在腐蚀过程中,无电流产生,氧化物(锈)直接生成在发生反应的金属表面。

2. 电化学腐蚀是指金属与电解质溶液或潮湿空气接触后,发生原电池或微电池作用,而有电流产生的腐蚀过程。电化学腐蚀是金属锈蚀的主要形式。

(二)影响金属锈蚀的因素

金属被腐蚀过程受多种因素左右,各因素之间存在着相互作用的复杂关系,大致可分为内部因素和外部因素。

1. 内部因素

主要指金属本身的特征和金属表面的性状。这些因素有:金属材料种类、金属表面加工特性、金属加工残留物、金属表面的锈迹、超过有效期的防锈材料、金属表面汗迹等。

2. 环境因素

储运中影响金属腐蚀的环境因素有:空气中氧的作用,空气中湿度、温度、雨淋的作用,大气中有害气体和环境中尘埃的作用,非金属材料(木材、塑料、油漆等)挥发出的有机气体加速腐蚀的作用等。

(二)防锈包装技术的选择

防锈包装技术过程包括清洗、干燥、防锈处理与包装等步骤。

1. 清洗

包括清除制品表面的有机、汗迹、灰尘、加工残渣等。对于已锈蚀的部分还需进行去除锈迹的处理。

(1)清洗剂的选择

选择清洗剂应考虑下列条件:对矿物油和动植物油应有较好的溶解、去除能力;具有较好的挥发性;不残留在金属表面;对金属表面无腐蚀作用;具有良好的稳定性;对人体无害;货源丰富,价格便宜。常用的清洗剂主要有:碱性溶剂(如氢氧化钠、碳酸钾、磷酸钠、水玻璃等)、表面活性剂(如肥皂、合成洗涤剂等)、石油系列溶剂(汽油、煤油等)、烃类溶剂(三氯乙烯、丙酮、乙醇等)。

清洗剂清洗的方法主要有浸洗、擦洗、喷淋和超声波清洗等。

(2)除锈方法的选择

除锈是金属表面清洗的收尾阶段。可分为物理机械法和化学法两类。物理机械法又分为人工除锈和机械除锈。化学除锈法分为酸洗除锈和碱洗除锈等。酸洗所用的酸类有硫酸、盐酸、硝酸、磷酸、氢氟酸等。碱洗是在含有苛性碱、羟基乙酸、络合剂及起泡剂等的溶液中进行的。

2. 干燥

金属制品清洗后，表面常附有溶剂与水分，应立即进行干燥处理。方法有压缩空气吹干、烘干、红外线干燥、擦干、滴干、晾干和脱水干燥等。

3. 防锈处理

防锈处理是指将腐蚀抑制剂以某种形式使用到金属表面上来防锈。清洗和干燥处理结束的金属制品，原则上应立即进行防锈处理。通常使用的有防锈油脂、气相防锈和可剥离性塑料等。

(1)防锈油脂

防锈油脂是指能在金属表面形成隔膜，借此隔离外界种种腐蚀介质的化学防锈剂。可分为防锈油和防锈脂两类。防锈油又分硬膜油和软膜油两种，常采用浸涂、刷涂、喷涂等方法；防锈脂采用热刷涂、热浸涂、热喷涂等方法。防锈油脂作为防锈涂层适应面广泛，价格便宜，它的缺点是操作时污染环境、影响金属制品外观和使用时要除膜等。

常用的防锈油脂有石油产品(如润滑油、变压器油、凡士林、沥青等)、天然油脂(如桐油、亚麻油等)、天然树脂(如松香)和合成树脂等。

(2)气相防锈

气相防锈是采用气相缓蚀剂，在密封包装条件下对金属表面进行防锈的技术。气相缓蚀剂在常温下慢慢挥发、扩散，到金属表面吸附形成憎水性膜或络合物膜，从而起到保护金属的作用。气相缓蚀剂可制成气相防锈纸、气相防锈塑料薄膜、气相防锈油、气相防锈剂等。

气相防锈有不影响制品外观、使用时不需除膜、防锈期长(3～5 年甚至 10 年以上)的特点，但它对手汗锈抑制能力差，许多气相缓蚀剂不能用于多种金属组件，且有刺激性怪味。

(3)可剥离性塑料

可剥离性塑料是在可塑性树脂中加上腐蚀性抑制剂而制成。它可在金属表面上形成塑料薄膜，在薄膜的防潮性和薄膜中所含有的防锈剂的共同作用下，发挥出防锈效果。可剥性塑料有热熔融型和溶剂型两种，见表 5－10。

表 5－10　　可剥离性塑料

<table>
<tr><th colspan="2">种　类</th><th>成　分</th><th>备　考</th></tr>
<tr><td rowspan="2">加热熔融型(热型)</td><td>Ⅰ</td><td>乙基纤维素(25～30%)、防锈油(45～70%)增塑剂、稳定剂及其他</td><td>加热 180～190℃皮膜呈微黄色透明</td></tr>
<tr><td>Ⅱ</td><td>醋酸纤维脂、丁酸纤维脂(43%)、防锈油(9%)抗氧化剂、流动性下降剂及其他</td><td>加热 17～180℃皮膜呈无色透明</td></tr>
<tr><td colspan="2">容剂溶液型(冷型)</td><td>氯乙烯、醋酸乙烯共聚物溶剂、增塑剂、稳定剂(防锈颜料铬酸铅)及其他</td><td>喷射覆盖、皮膜不透明，呈铝色、暗绿色等</td></tr>
</table>

4. 防锈包装方法

包装是防锈包装技术的最后阶段。从防锈角度看，包装的目的是为了防止外部冲击而造成防锈皮膜损伤，防止防锈剂流失而污染其他物品。一般来说，防锈包装与其他包装不相同的主要是单个包装，其内包装与外包装大体上与其他制品同样处理就行了。在选择一个合理的防锈包装处理时，需要把包装对象的种类、特性、防锈期限、生产地点、运送路线、发送地的温湿度、空气污染程度、储运环境、运送过程中的搬运状况以及包装材料费用、操作费用和时间等经济核算问题都考虑进去。防锈期限是一项最重要的指标。表 5－11 和 5－12 根据防锈期限不同,分别列出了防锈包装等级和可供选择的包装方法。

表5-11 防锈包装等级

级别	防锈期限	防锈包装要求	
		清洗、干燥	防锈包装方法(代号)
A级	3~5年	制品表面完全无油污、汗迹及水痕	M-2-3,M-2-4,M-3,M-4,M-6,M-8,M-9(单独或组合使用均可)
B级	2~3年	制品表面完全无油污、汗迹及水痕	M-2-3,M-2-4,M-3,M-4,M-6-2,M-7,M-8
C级	1~2年	制品表面无污物及油迹	M-1,M-2,M-3
D级	0.5~1年	制品表面无污物,允许留少量油迹	M-1,M-2-1,M-2-2,M-3

表5-12 防锈包装方法

代号	名　称	方　法
M-1	一般防潮、防水包装	制品经清洗、干燥后,直接采用防潮、防水材料进行包装
M-2	防锈油脂的包装	
M-2-1	涂覆防锈油脂	制品直接涂覆硬膜防锈油脂,不需采用内包装
M-2-2	涂防锈油脂包覆防锈纸	制品涂防锈油脂后,采用耐油性、无腐蚀内包装材料包封
M-2-3	涂防锈油脂塑料袋包装	制品涂防锈油脂后,装入塑料薄膜制作的袋中,根据需要用粘胶带密封或热压焊封
M-2-4	涂防锈油脂铝塑薄膜包装	制品涂防锈油脂后,装入铝塑薄膜制作的容器中,热压焊封
M-3	气相防锈材料包装	
M-3-1	气相缓冲剂包装	按制品的防锈要求,用粉剂、片剂或丸剂状气相缓蚀剂,散布或装入干净布袋或盒内;气相缓蚀剂用量每立方米包装空间不少于30g,其离制品的防锈面不超过300mm
M-3-2	气相防锈 纸包装	制品的形状比较简单而容易包扎时,用标准方法包封后,套 塑料袋或容器密封;气相防锈纸包封制品时,要求接触或接近金属表面;离金属表面超过300mm的部位,应与气相缓蚀剂并用;气相防锈纸与气相防锈油并用时,根据需要在气相防锈纸外包要耐油性包装材料,但具有耐油的气相防锈纸作外;形状复杂的大件制品,用气相缓蚀剂溶剂或悬浊液涂刷或喷涂后,再用气相防锈纸等材料包封

续表

代号	名称	方法
M－3－3	气相塑料薄膜包装	制品要求包装外观透明时,采用气相防锈塑料薄膜袋热压焊封;涂布气相防锈塑料薄膜,涂覆面应朝袋内,吹塑的气相防锈塑料薄膜,可直接使用
M－4	密封容器包装	
M－4－1	金属刚性容器密封包装	制品涂防锈油脂后,用防锈耐油性包装材料包扎和充填缓冲材料,装入金属刚性容器密封,需要时可做减压处理
M－4－2	非金属刚性容器密封包装	采用防潮包装材料制作的容器,将防锈后的制品装入,热压焊封或用其他方法密封
M－4－3	刚性容器中防锈油浸泡包装	制品装入刚性容器(金属或非金属)中,用防锈油完全浸渍,然后进行密封
M－5	密封系统的防锈包装	制品内腔密封系统刷涂、喷涂或注入气相防锈油、气相防锈油的用量通常按内腔空间计算,以 $6kg/m^2$ 为宜
M－6	可剥性塑料包装	
M－6－1	涂覆热浸型可剥性塑料包装	制品长期封存或防止机械碰伤,采用浸涂热浸型可剥性塑料包装;需要时,在制品外按其形状包扎无腐蚀的纤维织物(布)或铝箔后,再涂覆热浸型可剥性塑料
M－6－2	涂覆溶剂型可剥性塑料包装	制品的孔穴处填无腐蚀性材料后,在室温下一次涂覆或多次涂覆溶剂型可剥性塑料;多次涂覆时,每次涂覆后必须待溶剂完全挥发后,再进行下次涂覆
M－7	贴体包装	制品进行防锈后,使用硝基纤维,醋酸纤维,乙基丁基纤维或其它塑料膜片作透明包装,真空成型
M－8	充氮包装	制品装入密封性良好的金属容器、非金属容器或透湿度小、气密性好、无腐蚀性的包装材料制作的袋中,充氮密封包装;制品可密封内腔,经清洗干燥后直接充氮密封
M－9	干燥空气封存包装	
M－9－1	刚性容器干燥空气封存	制品进行防锈后,放入防潮包装材料制作的容器中,并在容器中放入细孔硅胶,然后密封;金属刚性容器接 M－4－1 方法进行,非金属刚性容器按 M－4－2 方法进行
M－9－2	套封包装	制品进行防锈后,需要时进行包扎和缓冲,与干燥剂一并放入铝箔复合材料包装容器中密封;必要时可施行内部减压和充氮

在具体进行防锈包装时，需要特别注意包装材料的选择，例如选用包装纸、隔离材料、容器、缓冲材料、衬垫材料、粘胶带和捆绳等，要求应该干燥无吸湿性；应没有异物附着；应不含有酸性组成成分或可溶性盐类。对直接接触金属表面的里层包装材料的选择尤为重要。例如，经常作为里层包装材料的牛皮纸、黄板纸和作为缓冲材料的稻草、刨花、碎纸和毛毡，对防锈包装不宜使用。防锈包装用于单个包装的主要材料应是玻璃纸、羊皮纸、粘胶纸、蜡纸、聚乙烯加工纸、聚偏二氯乙烯加工纸、金属橡胶贴纸等。缓冲材料应使用聚乙烯屑、碎玻璃纸、防水性石蜡胶和泡沫塑料等。

第四节 防震包装技术

防震包装又称缓冲包装，是指为减缓内装物受到冲击和振动，保护其免受损坏所采取的一定防护措施的包装。包装要达到缓冲防震的目的，只有通过调整缓冲材料和包装结构来解决。

一、产品的脆值

脆值是物品不发生物理损伤所能承受的加速度最大值，或称致使产品破坏前的临界加速度值。它是以重力加速度的倍数来计量的。目前有些国家已取得一些产品的脆值数据（G值）见表5－13。

表5－13 日本提出的产品脆值

序号	商品名称	脆值G
1	大型电子计算机	10以下
2	高级电子仪器、晶体振荡器、精密仪器、航空测量仪	10～25
3	大型电子管、交频装置、精密指示仪、电子仪器、大型精密仪器	25～40
4	小型电子管、现金出纳机、大型通讯装置、大型磁带录音机、彩色电视机、一般测量仪器	40～60
5	黑白电视机、磁带录音机、真空泡光学仪、照相机、可移式无线电装置	60～90
6	洗衣机、电冰箱 90～120	
7	机械类、小型真空管、一般器材 120以上	

G值表示产品对外力的承受能力。G值越大，表明在设计缓冲包装时，可以选择刚度越大的材料；G值越小，表明在设计时应仔细考虑缓冲要求。因此，在不影响产品性能的条件下，努力提高产品本身对外力的承受能力，即提高脆值，可以大大简化缓冲包装，节约缓冲材料，减少劳动量，降低包装成本。

二、缓冲包装材料的选择

内装物的价值、使用场合、目的以及经济性不同，对缓冲材料的要求也不同。对包装件来说，其缓冲材料应包括容器材料、固定材料、连接材料、封接材料等。在包装件中，不同部位的缓冲材料所起的作用不尽相同，但其基本的作用都是吸收外部的冲击能量，然后在较长时间内缓慢释放，从而达到缓冲目的。缓冲材料的基本特性包括：

(一)缓冲性

指材料对冲击能量具有吸收能力的特性。选择包装材料时,并不是冲击能量吸收性越大越好,常用硬的材料来吸收大的冲击力,用软的材料来吸收小的冲击力。

(二)隔振性

是由于阻尼作用使缓冲材料具有隔振能力的特性。它是缓冲材料的另一个重要特性,即通过材料选择,把隔振系统的固有频率设计在预定的范围内。

(三)回弹性

指缓冲材料变形后回复原尺寸的能力。缓冲材料在内装物重量长期作用下,应具备恢复原状的能力,要求永久变形小。

(四)耐磨性、耐破损性和防腐防尘防静电的适应性

是指缓冲材料应有一定的强度、耐破损性与耐磨性能,即:重量要轻(密度小),要能耐水、耐油、抗酸碱;有较好的化学稳定性和抗微生物侵袭的防霉腐性;对温度有较好的稳定性,高、低温不产生软化和脆化;含水量与吸湿性不能过高;应具有防静电能力,防吸尘和静电电压损伤内装产品(主要是电子产品)的能力。

(五)易于加工性

是指缓冲材料应易于成型、粘合和操作,加工性好。

最后还要考虑缓冲材料价格与材料体积之比、价格与材料功能之比等经济性。

三、缓冲包装方法

缓冲包装结构是指对产品、包装容器、缓冲材料进行系统考虑后,所采用的缓冲固定方式。典型的缓冲包装结构有五层:产品(包括内衬)、内包装盒(箱)内的缓冲衬垫、内包装盒(箱)、外包装箱内的缓冲衬垫、外包装箱。而一般的缓冲包装结构为三层:产品(包括内衬)、包装箱内缓冲衬垫和包装箱。

缓冲包装方法一般分为全面缓冲、部分缓冲和悬浮式缓冲三种。

(一)全面缓冲包装法

全面缓冲包装法是指内装物和外包装之间全部用防震材料衬垫的包装方法。见图 5-1。采用不同的缓冲材料有不同的包装方法。

1. 压缩包装法

用丝状、薄片状或粒状缓冲材料把产品和内包装填塞加固,这样能把所吸收的冲击振动能量引导到内装物强度最高的部分。这种方法对结构复杂的产品也适用。

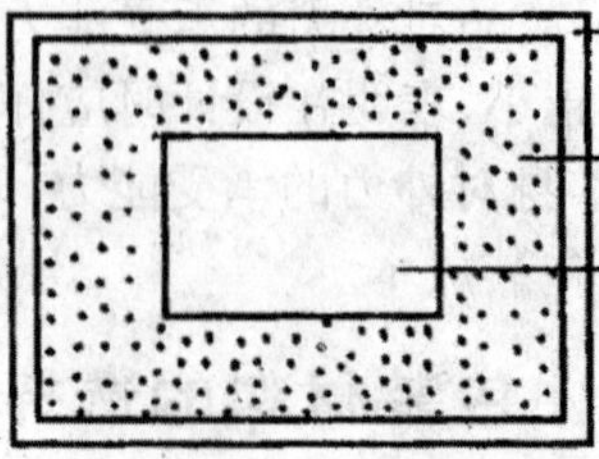

图 5-1　全面缓冲包装

2. 浮动包装法

用块状缓冲材料把产品和内包装固定在包装箱中。这种块状材料在包装箱内可以位移和流动,还可利用材料的流动分散内装物所收的冲击力。

3. 裹包包装法

用片状缓冲材料把产品和内包装裹包起来放入外包装箱内。这种方法多用于小件物品。

4. 模盒包装法

通常用聚苯乙烯泡沫塑料预制成与产品形状一样的模盒，将产品固定在其中。这种方法适用于小型轻质产品。

5. 就地发泡包装法

这种方法所采用的设备是盛有异氨酸酯和盛有多元醇的容器及喷枪。使用时，先把两种材料的容器内的温度和压力按规定调好，然后将两种材料混合，用单管道通向喷枪，由喷枪喷出，喷出的化合物在10s后即开始发泡膨胀，不到40s时间即可发泡膨胀到本身原来体积的100～140倍，形成聚氨酯泡沫体，经过1min变成硬性或半硬性的泡沫体。这种泡沫可在现场喷入外包装内，能将任何形状的物品包裹住，起到缓冲衬垫作用。

（二）部分缓冲包装法

部分缓冲包装法是指仅在产品或内包装的拐角或局部地方使用缓冲材料衬垫的方法。适合于包装大量成批生产的产品，如家电产品、仪器仪表等，它既能得到较好的效果，又能降低包装成本，应用非常广泛。部分缓冲所用包装材料主要有泡沫塑料防震垫、充气型塑料薄膜防震垫和橡胶弹簧等，有天地盖缓冲、左右套缓冲、四棱衬垫缓冲、八角衬垫缓冲和侧衬垫缓冲。见图5－2、5－3。

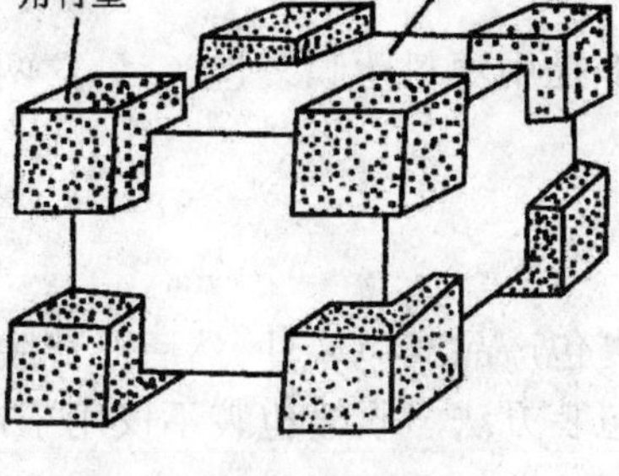

图5－2　八角衬垫

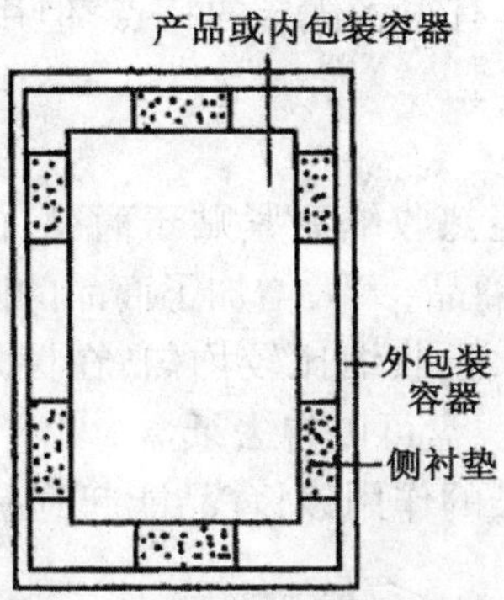

图5－3　侧衬垫

（三）悬浮式缓冲包装法

悬浮式缓冲包装是指先将产品置于纸盒中，产品与纸盒间各面均采用柔软的泡沫塑料衬垫妥当,盒外用帆布包紧、缝合,或装入胶合板箱,然后用弹簧张吊在外包装箱内,使其悬浮吊起。这样通过弹簧和泡沫塑料同时起缓冲作用。这种方法适用于某些贵重易损的产品,如精密机电设备、仪器、仪表等。见图5-4。

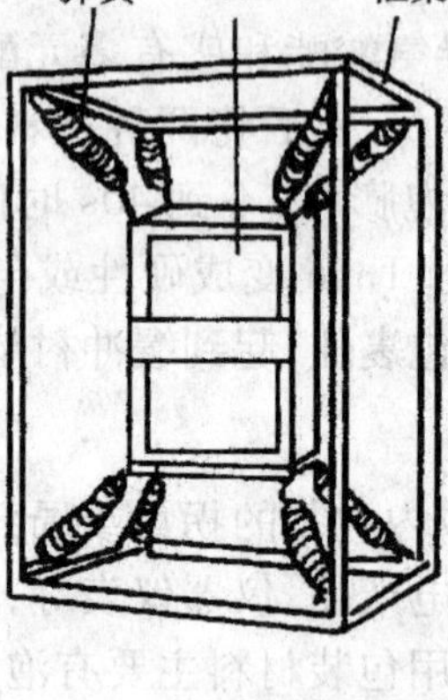

图5-4 悬浮式缓冲包装

第五节 收缩与拉伸包装技术

收缩包装和拉伸包装技术都是用塑料薄膜裹包产品,这两种包装方法原理不同,但产生的包装效果基本一样。

一、收缩包装

收缩包装就是用收缩薄膜裹包产品或包装件,然后对薄膜进行适当加热处理,使薄膜收缩而紧贴于产品或包装件的一种包装方法。收缩包装不仅用于销售包装,也用于运输包装,且应用范围在不断扩大。

(一)收缩包装的特点

收缩包装应用广泛是因为它具有很多优异的特点,但用于销售包装和运输包装又有一定的区别。

1.用于销售包装的特点

(1)收缩包装一般是透明的,经热收缩后紧贴于商品,能充分显示商品的外观,能包装蔬菜与肉类食品及玩具、工具等异形商品,大大增加了商品的陈列效果。

(2)收缩薄膜材料有一定韧性,且收缩比较均匀,在棱角处不易撕裂,可将零散多件商品很方便地包装在一起,有时借助于浅盘可以省去纸盒。

(3)对于商品具有防潮、防污染的作用,对食品能起到一定的保鲜作用,有利于零售、延长货架期。

(4)可保证商品在整个流通过程中保持密封,可防止启封、偷盗等。

2.用于运输包装的特点

(1)密封、防潮、防污染。可在露天堆放,节省储存费用。

(2)包装工艺和设备简单,有通用性,便于实现机械化,节省包装费用,并能部分地代替瓦楞纸箱和木箱等。

(3)收缩包装不仅将被包装物紧固在一起,而且薄膜也具有缓冲性和韧性,能防止运输过程中因振动和冲击而损坏商品。

(4)可以包装体积庞大的商品,如包装小轿车,采用现场收缩包装方法,工艺和设备均很简单。

收缩包装也有不足之处,如用在包装颗粒、粉末或形状规则的商品方面,不如装盒、装箱、装袋和裹包方便。特别是需要热收缩通道,需要能源消耗,占用投资和车间面积较大,实现连续化、高速化生产比较困难(尤其是运输包装)。不适合用于冷冻或怕受热的商品。

(二)收缩薄膜

收缩薄膜是一种经过特殊拉伸和冷却处理的薄膜,由于薄膜在定向拉伸时产生残余收缩应力,这种应力受到一定热量后便会消除,从而使其横向和纵向均发生急剧收缩,同时使薄膜的厚度增加,收缩率通常为30%~70%,收缩力在冷却阶段达到最大值,并能长期保持。

收缩薄膜的收缩性能取决于塑料品种和拉伸条件,常用的收缩薄膜品种及其收缩性能见表5-14。

表5-14 常用收缩薄膜品种及其收缩性能

种类 \ 项目	典型厚度/μm	最大收缩率/%	收缩张力/MPa	收缩温度/℃	烘道温度/℃	热封温度/℃
PE(轻荷)	25.4~50.8	20~70	3.5~7.0	88~150	120~190	120~205
PE(重荷)	50.8~254	20~70	3.5~7.0	88~150	120~190	120~205
PE(交换)	15.2~38.1	50~80	17.5~35.0	70~145	107~305	150~260
PP	12.7~38.1	50~80	21.0~42.0	93~172	150~230	172~205
PS	25.4	40~70	7.0~42.0	100~132	132~160	120~150
PVC 轻	12.7~38.1	30~70	10.5~21.0	65~150	107~155	135~190
PVC 重	38.1~76.2	55	10.5~21.0	65~150	107~155	135~190
EVA	25.4~254	20~70	2.8~6.3	65~120	95~160	95~172
离子型	25.4~76.2	20~40	10.5~17.5	90~132	120~172	120~205
PVDC+PVC	10.2~25.4	15~60	3.5~14.0	60~145	95~150	120~150
PET	12.7~15.2	45~55	4.8~10.3	75~140	110~180	130~180

PS收缩膜透气性好,可用来包装需要呼吸保鲜的食品;PVDC+PVC适于包装不希望氧气透过的食品如鱼、肉类和加工过的食品;PE(交联)收缩膜阻湿性好,可包装烘烤食品;硬质物品可用PP收缩膜;需要蒸煮或高阻隔、高强度场合可用PET和PA收缩膜;PVC收缩膜的收缩性能好、价格低,广泛用于诸如生鲜食品及其他包装场合;EVA收缩膜因其软化点下降,熔融温度广,收缩张力小,被包产品不易破损,适于带有突起部分的物品或异形物品的包装。

(三)收缩包装方法

收缩包装方法一般分为预包装和热收缩两步进行。

1. 预包装

用收缩薄膜将被包装物包裹起来，包裹的方法有两端开放式（即形成一个套筒，套筒两端保留开口）和四面密封式（四面均热封，形成一个完整的封闭包装）。预包装时薄膜的尺寸应比商品尺寸大10%～20%。如果尺寸过小则不便于充填，收缩张力大，可能将薄膜拉破；尺寸过大，则收缩张力不够，包不紧或不平整。

2. 热收缩

对薄膜加热，使其在短时间内温度达到110℃以上，薄膜收缩贴于包装件。一般可采用收缩通道或收缩烘箱将热空气吹到包装件上进行加热，热收缩完毕离开加热室自然冷却。体积大热收缩温度较高时，可再用冷风扇加速冷却。要得到良好的效果，必须注意：

(1)热收缩烘箱或烘道越大，操作范围就越大，越安全。

(2)收缩操作要尽量按照加热范围较低的温度，这样做收缩效果好，但包装在烘道或烘箱内停留时间过长会影响设备寿命。

(3)尽可能减少烘道或烘箱中的空气循环，并防止热空气散失。

(4)热空气是从底部向顶部上升，因此要注意使最低部有足够的热量，同时顶部温度不能过高造成塑料熔化而出现洞眼。

(5)塑料薄膜加热时处于无定形状态，强度很低，因此薄膜在热通道内或刚从热通道出来时要特别小心。

另外，有的产品已经用塑料薄膜或复合薄膜包装，再进行热收缩包装时，要注意选用适合的收缩薄膜，防止出现外层的收缩薄膜与内包装熔合。

除采用热收缩通道进行热收缩外，对于大型托盘集装的产品或体积较大的单件异形产品，可采用手提式热风喷枪进行现场收缩。这种作业方法简单迅速，用热功率36000kcal/h的喷枪，包装一件体积2㎡的长品，热收缩过程只需2分钟。

二、拉伸包装

拉伸包装是用拉伸塑料薄膜在常温和张力下对产品或包装件进行裹包的一种包装方法。这种方法可裹包单件商品，也可用于托盘包装之类的集合包装。

(一)拉伸包装的特点

1. 不用加热，很适合于那些怕加热的产品如鲜肉、冷冻食品、蔬菜、水果等。

2. 可以准确地控制裹包力，防止产品被挤碎。

3. 方法简单，不需加热收缩设备，节省设备投资、能源等费用。消耗的能源只有收缩包装的二十分之一。

4. 防潮性比收缩包装差，在运输包装中堆积的商品顶部需要另外加一块薄膜而带来操作不便。

5. 因为拉伸薄膜有自粘性，当许多包装件堆在一起，搬运时会因粘结而损伤。

(二)拉伸薄膜

常用的拉伸薄膜主要由EVA、PVC、LDPE、LLDPE，其中EVA和LLDPE薄膜弹性好，自粘性好，是理想的品种。

表5－15　　常用拉伸薄膜的性质

拉伸薄膜	拉伸率/%	拉伸强度/MPa	自粘性/g	抗戳穿强度/Pa
LLDPE	55	0.412	180	960
EVA	15	0.255	160	824
PVC	25	0.240	130	550
LDPE	15	0.214	60	137

(三)拉伸包装方法

1. 用于销售包装的方法

利用拉伸包装机或人工，一边把拉伸薄膜包裹到包装件上，一边在纵向和横向(尤其是横向)拉扯薄膜，使其再在纵向和横向伸长，直到把包装件全部包裹起来，然后再利用拉伸薄膜本身的黏着力，使薄膜的四个边缘互相粘在一起。手工操作方法一般都把被包装物放到浅盘内，特别是软而脆的商品或多件包装的零散产品。

2. 用于运输包装的方法

拉伸包装用于运输包装比木箱、瓦楞纸箱等重量轻、成本低。大部分用于托盘集合包装有时也用于无托盘集合包装。其基本方法有两种，即整幅薄膜包装法和窄幅薄膜缠绕式包装法。

整幅薄膜包装法是用宽度与货物一样或更宽一些的薄膜包装。这种方法适合包装形状方整的货物，既经济，效果又好，如用普通船装载出口货物、20kg大袋货物、沉重且不稳定的货物及单位时间内要求包装效率高的货物包装。它的缺点是要储备多种幅宽的薄膜。常用的设备操作方式有回转式操作法和通过式操作法。

窄幅薄膜缠绕式包装法是用窄幅薄膜(幅宽一般为50～75cm)，自上而下以螺旋形式缠绕直到裹包完成，两圈之间约有1/3部分重叠。这种方法适合包装堆积较高或高度不一致的货物，以及形状不规则或轻的货物。它的包装效率较低，但可使用一种幅宽的薄膜包装不同形状和堆积高度的货物。其操作过程如下(见图5－5)：

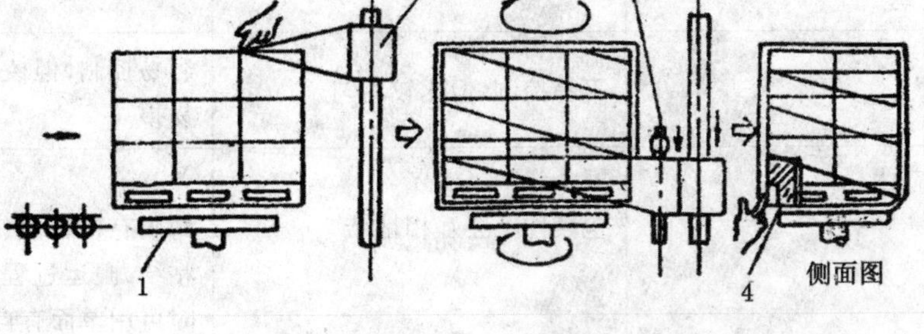

1—回转平台；2—薄膜卷筒；3—升降装置；4—热封板。

图5－5　拉伸包装窄幅缠绕式操作过程

(1)将货物堆放在回转平台上，将薄膜从卷筒拉出，端部粘接在货物上部，然后回转平台，并带着货物旋转，薄膜一边缠绕，同时被拉伸。

（2）开始操作时薄膜卷筒位于支柱的顶端，随着薄膜的缠绕，卷通向下移动，薄膜就在货物表面自上而下形成螺旋式包装。

（3）货物全部包裹后用切刀切断，用热封板把薄膜端部粘接起来。

表 5－16　**收缩包装与拉伸包装的比较**

序号	比较内容	收缩包装	拉伸包装
1	对产品的适应性： （1）对规则形状和异形产品 （2）对新鲜水果和蔬菜 （3）对单件、多件产品的销售包装；对有托盘和无托盘的运输包装 （4）对冷冻的或怕受热的产品	 均可 特别适合 均可 货物可紧固于托盘上 不适合	 均可 特别适合 均可 适合
2	对流通环境的适应性 （1）包装件存放场所 （2）防潮性（指运输包装件） （3）透气性（指运输包装件） （4）低温操作	仓库、露天存放均可，不怕日晒和雨淋、节省仓库面积 好 可进行六面密封 差 不适合	薄膜受阳光照射或高温天气将发生松弛现象，只能在仓库内存放 差 一般只进行侧面裹包，必要时可进行五面密封 好 一般顶部不密封 可在冷冻室内操作
3	设备投资和包装成本 （1）设备投资和维修费用 （2）能源消耗 （3）材料费用 （4）投资回收期	 需热收缩设备，投资和费用均较高 多 多 较长	 无需加热，投资和费用低 少 比收缩包装少 25% 短
4	裹包应力	不易控制，但比较均匀	容易控制，但棱角处应力过大易损
5	堆垛适应性	好 包装件不会互相粘结	差 薄膜有自粘性，包装件之间易粘结，搬运过程易撕裂。必要时可用单面有自粘性薄膜。
6	薄膜库存要求	需要有多种厚度的薄膜	一种厚度的薄膜可用于不同的产品

第六节 集合包装技术

集合包装是将若干个产品或包装件包装在一起,形成一个更大的搬运单元或销售单元,以便装卸、储存和运输。又称集装单元。

集合包装的种类很多,包括有集装箱、托盘和滑片集装、框架集装、无托盘集装以及集装袋等。

集合包装可以实现运输机械化、自动化、减少工人的劳动强度,提高港口的装卸速度,可以实现"门对门"运输,保证商品在运输中的安全,减少破损、丢失,促进包装标准化,降低运输费用,提高装卸率。因此,在物流中起到重要作用。

一、集装箱

集装箱是一种大型容器,它既是货物的运输包装,又是运输工具的组成部分。集装箱的优点有:①功能多。既可用于运输,又可用于仓储;②储运功能好。集装箱能堆高重叠、提高地面利用率,在车站、港口、码头等地面紧张的场所尤其占有优势;③运输简便,效率也很高;④强度大。集装箱材料坚硬,可防压、防挤、防摔;⑤装载利用面宽。集装箱能装各种散货,种类多、品种繁;⑥有通用和互换性等。集装箱的缺点有:自重量大、造价高、返箱困难等。

(一)集装箱应具备的条件

国际标准化组织规定,凡具有以下五项条件的运输容器,可称为集装箱:

1. 有足够的强度,能反复使用。

2. 途中转运时,可以不搬动容器内的货物,直接进行换装。

3. 设有便于装卸和搬运的装置,便于从一种运输工具直接方便地换装到另一种运输工具。

4. 具有 $1m^3$ 以上的内容积。

5. 设计时应注意到便于货物的装满和运输。

(二)集装箱的尺寸规格

国际标准化组织第 104 技术委员会(ISO/TC104)于 1979 年颁发的 ISO668 – 1979《第一系列货物集装箱的分级、外部尺寸和重量》中,共规定了 11 种规格的集装箱,目前在国际上海运和陆运普遍采用最多的是 20 英尺(6 米)和 40 英尺集装箱,是第一系列中的ⅠC 和ⅠA 型。20′标准集装箱的规格为宽 × 高 × 长 8′ × 8′ × 20′,40′标准集装箱的规格为宽 × 高 × 长 8′ × 8′ × 40′。由于上面两种集装箱载货量相对较小,为增加载货量,在长度和宽度不变的情况下,提高集装箱高度,高度 8. 6′的集装箱的使用量日益增多。

1978 年我国颁发了国家标准 GB1413 – 78《货物集装箱外部尺寸和重量系列》,见表 5 – 17。

表 5－17　　货物集装箱外部尺寸、和总重(GB1413－78)

型号	高/毫米(英尺)	宽/毫米(英尺)	长/毫米(英尺)	总重/公斤
1AA	2591(8.6)	2438(8)	12192(40)	30480
1CC	2591(8.6)	2438(8)	6058(20)	20320
1D	2438(8)	2438(8)	4012	10000
5D	2438(8)	2438(8)	1968	5000

5 吨和 10 吨集装箱主要用于国内运输,20 吨和 30 吨主要用于国际运输。

(三)集装箱的种类

1. 按集装箱的用途分

(1)通用型集装箱

用于一般散货、杂货,但不包括易碎、易燃、易爆、易污染、易变味和易变质的液体货物和特殊货物。常用的有 20 英尺和 40 英尺两种标准箱,有后开门和侧开门,一般为封闭式。

(2)开顶集装箱

也称敞顶集装箱。这种集装箱设有可折式顶梁支撑的帆布、塑料布或涂塑布制作的顶篷,适于装载较高的大型货物和需要从上部吊装的重货。

(3)台架式集装箱及平台式集装箱

台架式集装箱构造比较简单,有的台架式集装箱只有底板和四个角柱,一般都不设箱顶和侧壁。为了保证其纵向强度,这种集装箱的箱底厚、强度大,内部高度比普通集装箱低,在下侧梁和角柱上设有系环,可把装载的货物系紧。适合装载形状不一的货物,不宜装怕雨淋和怕潮湿的货物。

平台式集装箱是仅有底板而无上部结构的一种集装箱。该集装箱装卸作业方便,适于装载长、重大件。

(4)冷藏式集装箱及保温式集装箱

是专用于装载冷冻或低温货物的集装箱。分为带冷冻机的内藏式机械冷藏集装箱和不带冷冻机的外置式机械冷藏集装箱两种。适于装载肉、蛋、水果、海产品等货物。

保温式集装箱有保温装置,用隔热材料构成,能保持箱内温度恒定或保持在一定范围,适宜于装载温度变化时易受损伤的精密仪器、罐头食品等,也用于寒冷季节和地区的集装运输。

(5)散货集装箱

这种集装箱的特点是在箱的顶部和后部都设有 2～3 个装货或卸货口,多用于装粉状、粒状货物。

(6)通风集装箱

通风集装箱一般在侧壁或端壁设有通风孔,适于装载不需要冷冻而需通风换气的货物,如水果、蔬菜等。如将通风孔关闭,可作为杂货集装箱使用。

(7)罐式集装箱

是一种专供装运液体货而设置的集装箱,如酒类、油类及液状化工品等货物。它由罐体和箱体框架两部分组成,装货时货物由罐顶部装货孔进入,卸货时,则由排货孔流出或从顶部装货孔吸出。

(8)汽车集装箱

是专为装运小型轿车而设计制造的集装箱。其结构特点是无侧壁,仅设有框架和箱底,可装载一层或两层小轿车。

(9)动物集装箱

是一种专供装运牲畜的集装箱。为了实现良好的通风,箱壁用金属丝网制造,侧壁下方设有清扫口和排水口,并设有喂食装置。

(10)挂式集装箱

用于装运高级服装,其优点是衣服不折叠,成套直接悬挂于集装箱内,既可节省包装材料,又有利于保持服装式样。

2. 按集装箱的主体材料分

钢制集装箱、不锈钢制集装箱、铝制集装箱和玻璃钢制集装箱。铝制集装箱由于自重小、外观美、不生锈,因而主要用于航空货运。

3. 按集装箱结构分

可分为内柱式和外柱式集装箱;折叠式集装箱和固定式集装箱;预制骨架式集装箱和薄壳式集装箱。其中:折叠式集装箱的箱体侧端壁和箱顶等部件能折叠或分解,回空时体积可缩小,以降低运输费用;薄壳式集装箱是将骨架、外板等部件组合成一个不能拆卸的整体,因而具有重量轻、能承受外力冲击与扭力而不会变形的优点。

二、托盘集装

托盘集合包装是谋求装卸与搬运作业的机械化,把若干件货物集中在一起,堆码在运载托盘上,构成一件大型货物的包装形式。

(一)托盘的分类

托盘按不同用途分为可复用托盘和一次性托盘;按材料不同分为木制托盘、金属托盘、塑料托盘和瓦楞纸托盘等;按结构不同可分为箱式托盘、立柱式托盘、平板式托盘、轮式托盘和滑片托盘等。

1. 平板式托盘

平板式托盘简称平托盘,主要以木制为主,也有钢制、塑料、复合材料等制作的。木制平托盘的形式分单面使用及双面使用、有翼型和无翼型、二向型和四向型。双面使用型指两面均为载货板;有翼型可以用叉车两面操作,也可用钢丝绳调运;二向型只能用叉车两面操作,四向型可用叉车四面操作。组装货物时,货物的四边每边可超出托盘2.6cm,顶部要求平整、组装高度为110cm或220cm。

2. 立柱式托盘

它是在平托盘上安装四个立柱的托盘。安装立柱的目的是在无货架多层堆码时保护最下层货物不受损害。立柱一般可卸下,高度为1.2米,常采用钢制材料,可负荷3吨货物。

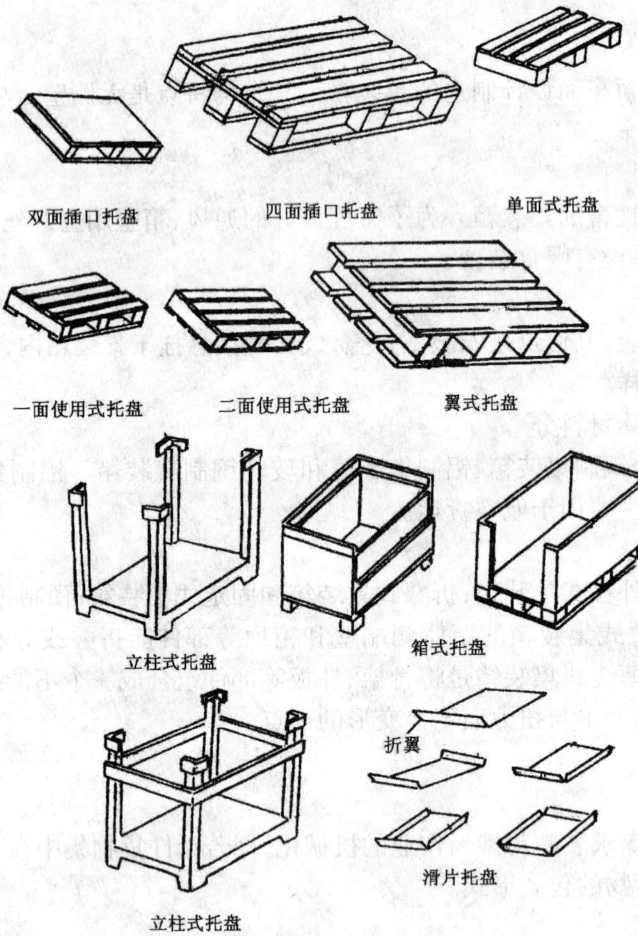

图5－6　各类托盘的型式

3. 箱式托盘

它是在平托盘上至少三个侧面安装上垂直侧板(实心板、空花板或网等),制成箱式设备。箱式托盘一般分为可卸式、固定式和折叠式,也有的带有顶盖。这种托盘多为钢制、木制或钢木合制。包装简易并可形成不规则的货物集装,主要适合于装载零散货物及蔬菜、瓜果、薯类等农产品。

4. 轮式托盘

它是一种在平托盘下面安装四个小轮子的托盘。可以利用轮子做滚上滚下的装卸,也有利于移动装入车内、船内的货物。

5. 滑片托盘

它是由一张片状材料简单地折曲而成,在操作方向有折翼,用带推拉器的叉车进行装卸作业。一次性使用的滑片用瓦楞纸板制成,回收复用的用塑料或金属制成。

滑片托盘结构简单,与其他托盘相比,具有成本低、装载量大、重量轻、占有仓储空间小、节约运费等优点。

(二)托盘的规格

托盘的规格有多种,国际上使用较多的主要有 800×1000mm、800×1200mm、1000×1000mm、1000×1100mm、1100×1100mm、1100×1200mm、1200×1800mm 等七种规格的托盘,载重量有0.5吨、1吨和2吨三种。

(三)托盘包装方法

托盘包装方法主要有两方面,一是集合方式,即货物在托盘上如何堆积,称为堆垛或码垛;二是紧固方式,即货物如何与托盘牢固地固定。

1. 集合方式

码垛有以下四种基本方式,见图5-7。

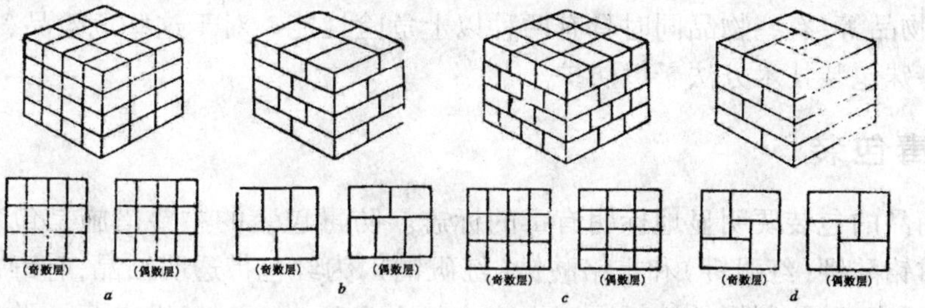

图5-7 货物在托盘上码垛的基本方式

(1)块状垛:货箱的四个角上下对应,承载力大,但货箱之间没有联系,容易倒塌。

(2)砖状垛:上下左右各货箱均有联系,码垛后不易倒塌,但上下两箱的四个角不对应,削弱了承载能力。

(3)交叉码垛:与砖状垛的形式和作用相同,适合码成正方形垛。

(4)塞孔码垛:两层之间有交叉,不易倒塌,而且便于码成正方形垛。

2. 紧固方式

(1)捆扎:是用各种材料的打包带或绳索紧固的方法,有水平、垂直、对角等捆扎方式,也可用胶带(宽75mm以上)进行纵、横向加固。

(2)粘合:用胶粘剂或两面涂胶的胶条将货物各层纸箱粘合,使托盘货物构成一体。

(3)收缩包装:用收缩薄膜制成一定尺寸的方底大袋,再将此袋自上而下套在堆叠商品上,然后进行热收缩,经收缩后货物与托盘紧固成一体。这种形式属于五面封,托盘下部与大气相通。对于需要防潮的货物,可在托盘上先放置一个浅套作为底,其后操作与上述相同,经热收缩后即形成一个六面封的包装件。收缩包装见第五节。

(4)拉伸包装:用拉伸薄膜将货物与托盘一起缠绕裹包形成集合包装件。顶部不加塑料薄膜为四面封,顶部加塑料薄膜为五面封。拉伸包装不能形成六面封,因此不能防潮,且拉伸薄膜比收缩薄膜捆缚力较差,只能用于轻量的集合包装。拉伸包装见第五节。

三、集装袋

集装袋是一种柔性包装容器,是由可折叠的涂胶布、树脂加工布及其他软性材料制成的大容积的运输袋。可广泛用于化工、水泥、粮谷、矿产品等各类粉状、颗粒状和块状物品的包装。

采用这种包装，不仅有利于提高装卸效率，促进散装货物包装的规格化、系列化，降低运输成本，而且还具有防尘、防潮、便于包装、储存及造价低等优点。因此，近年来世界各国都广泛地采用集装袋来运输粉粒状货物。

集装袋的载重量为0.5～3吨，容积一般为500～2300升。集装袋有圆筒形、方角形两种形状，分有卸料口和无卸料口、适应一次性使用和多次性反复使用等不同需要的多种规格。

第七节　危险品包装

危险品有上千种，按其危险性质，交通运输及公安消防部门规定为十大类，即爆炸性物品、氧化剂、压缩气体和液化气体、自燃物品、遇水燃烧物品、易燃液体、易燃固体、毒害品、腐蚀性物品、放射性物品等，有些物品同时具有两种以上危险性能。对于这些危险品，在物流过程中，要分别采用特殊包装技术方法予以防护。

一、防毒包装

对有毒商品的包装要明显地标明有毒的标志。防毒包装的主要措施是包装严密不漏、不透气。例如重铬酸钾（红矾钾）和重铬酸钠（红矾钠），为红色带透明结晶，有毒，应用坚固铁桶包装，桶口要严密不漏，制桶的铁板厚度不能小于1.2毫米。对有机农药一类的商品，应装入沥青麻袋，缝口严密不漏。如用塑料袋或沥青纸袋包装的，外面应再用麻袋或布袋包装。用作杀鼠剂的磷化锌有剧毒，应用塑料袋严封后再装入木箱中，箱内用两层牛皮纸、防潮纸或塑料薄膜衬垫，使其与外界隔绝。

二、防蚀包装

对有腐蚀性的商品，要注意商品和包装容器的材质发生化学变化。金属类的包装容器，要在容器壁涂上涂料，防止腐蚀性商品对容器的腐蚀。例如包装合成脂肪酸的铁桶内壁要涂有耐酸保护层，防止铁桶被商品腐蚀，从而商品也随之变质。再如氢氟酸是无机酸性腐蚀物品，有剧毒，能腐蚀玻璃，不能用玻璃瓶作包装容器，应装入金属桶或塑料桶，然而再装入木箱。甲酸易挥发，其气体有腐蚀性，应装入良好的耐酸坛、玻璃瓶或塑料桶中，严密封口，再装入坚固的木箱或金属桶中。

三、防燃、防爆包装

对黄磷等易自燃商品的包装，宜将其装入壁厚不少于1毫米的铁桶中，捅内壁须涂耐酸保护层，桶内盛水，并使水面浸没商品，桶口严密封闭，每桶净重不超过50公斤。对于遇水引起燃烧的物品如碳化钙，遇水即分解并产生易燃乙炔气，对其应用坚固的铁桶包装，桶内充入氮气。如果桶内不充氮气，则应装置放气活塞。

对于易燃、易爆商品，例如有强烈氧化性的，遇有微量不纯物或受热即急剧分解引起爆炸的产品，防爆炸包装的有效方法是采用塑料桶包装，然后将塑料桶装入铁桶或木箱中，每件净重不超过50公斤，并应有自动放气的安全阀，当桶内达到一定气体压力时，能自动放气。

※习题

一、名词解释

1. 气调防霉包装

2. 无菌包装技术

3. 脱氧剂包装技术

4. 收缩包装

5. 拉伸包装

6. 集合包装

二、填空题

1. 霉菌最适宜在温度为________,相对湿度在________以上的环境中生长。

2. 瓦楞形状可分为________型、________型和________型三种。其中型耐压强度较高,并具有一定的缓冲性,是最常用的瓦楞纸板。

3. 密封防霉包装方法主要有________、________和________三种。

4. 防氧包装的方法主要有三种,即________、________、________。

5. G 值表示产品对外力的承受能力。G 值越大,表明________;G 值越小,表明________。

6. 包装辅助材料主要有________、________和________等。

7. 充气包装是在已充填内装物的气密性容器中充填气体如________或________的一种包装方法。

8. 包装的防潮作用主要决定于包装材料的________性能和封口的________性能。

9. 透湿度 0(g/m²·24h)为完全防潮材料;透湿度 1(g/m²·24h)以下为非常高的防潮材料;透湿度 5(g/m²·24h)以下为高度防潮材料;透湿度 15(g/m²·24h)以下为较好的防潮材料。

10. 通常使用的防锈处理方法有________、________、________。

11. 缓冲包装方法一般分为________、________和________三种。

12. 我国国家标准《货物集装箱外部尺寸和重量系列》规定了四种型号集装箱,即________、________、________和________。

三、选择题

1. 防锈包装的单个包装不宜使用的材料是(　)。

A. 玻璃纸　B. 羊皮纸　C. 牛皮纸　D. 聚乙烯加工纸

2. 一般来讲,透湿度在(　)以下为高度防潮材料。

A. 1(g/m²·24h)　　B. 15(g/m²·24h)

C. 5(g/m²·24h)　　D. 0(g/m²·24h)

3. G 值表示产品对外力的承受能力。G 值越大,表明(　)。

A. 在设计缓冲包装时,可以选择刚度越大的材料　　B. 表明在设计时应仔细考虑缓冲要求

4. 就地发泡包装法属于(　)。

A. 部分缓冲包装法　　B. 全面缓冲包装法　　C. 悬浮式缓冲包装法

5. 拉伸包装的特点包括(　)。

A. 可在露天堆放,节省储存费用　　B. 可以准确地控制裹包力,防止产品被挤碎

C. 不用加热,很适合于那些怕加热的产品　　D. 薄膜有自粘性,当许多包装件堆在一起,搬运时会因粘结而损伤

6. 20′标准集装箱的规格为宽×高×长(　)

A. 8′×8′×20′　　B. 8′×8′×30′　　C. 8′×8′×40′

[案例思考]

物流需求拉动塑料托盘市场

有专家预计,今后五年中国物流业将以年均20%以上的速度增长。物流业快速发展,必然带动其承载体——托盘制造业,特别是塑料托盘制造业迅猛发展。

与传统木质托盘相比,塑料托盘具有防潮、耐腐蚀、易清洁、硬度高、使用寿命长、易回收等优点;与金属托盘相比,塑料托盘具有质轻、价廉、易制造、流通成本低等优势。因而塑料托盘一经出现,立即在西方发达国家及日韩等国被大量采用。到2005年,世界物流业发达国家采用塑料托盘的比例超过40%,而在中国这一比例仅占8%。

目前,国内市场托盘约有1.3亿只,年产值约300亿元,其中木质托盘占90%。但随着全球环保压力增大,中国木质托盘占绝对优势的局面也必将改变。2005年铁道部出台了禁止铁路运输过程中使用木质托盘的规定,这将使木质托盘在今后的物流业中所占比重逐渐减小,而塑料托盘必定成为其最佳替代品。塑料托盘的原料易于获取,随着其制造技术提升,价格与木质托盘不相上下,而寿命却是木质托盘的5~7倍,且易于回收再用。

中国物流业正处于高速发展阶段,2003年至2005年仅上海就注册成立了近千家物流公司;国内物流业较发达的广东省,七成以上企业近两年的年均业务增幅超过30%。据不完全统计,目前中国物流企业总数已超过3000家。

自上世纪90年代后期实现塑料托盘工业化生产以来,中国塑料托盘产量年均增幅10%左右,但仍不能满足国内超速发展的物流业对塑料托盘的需求。专家预计,即便按20%的市场占有率计算,中国今后5~10年内每年需要新增的塑料托盘也有200万~300万只,年新增产值可达7亿~10亿元。基于此,国内一些规模大、有实力的托盘制造企业,如上海力卡、江苏羽佳、北京都程等纷纷增产扩能。国外一些大型物流及托盘制造巨头也不甘落后,纷纷抢滩中国。如全球最大的塑料托盘制造商——瑞士PPAL公司已经计划在广东茂名建设总投资3亿欧元(首期投资1亿欧元),年产塑料托盘6000万只的全球最大塑料托盘生产基地。

中国目前拥有大小托盘制造企业300多家,但年产百万只规模的企业不足10%。加之中国托盘标准化体系还未建立,目前许多企业都是根据用户需要,自行设计制造,使中国托盘制造业十分混乱,市场上托盘规格多达几十种,这将极大影响中国物流业的快速发展。

现在,托盘业无行业标准的问题已经引起国家重视。根据2005年8月出台的《全国物流标准2005年~2010年发展规划》,2005~2006年中国将完成GB/T2934—1996《联运通用平托盘主要尺寸及公差》的修订,随着标准完善,国内托盘业将迈入标准化、规范化发展的新阶段。

资料来源包装博览 PACKAGINGDIGESTCHINA2006-05-17

[案例讨论题]

1. 世界托盘业发展的趋势是什么?

2. 我国发展托盘存在的问题及解决办法是什么?

◆——第6章　物流包装合理化与现代化

●本章主要内容

★物流包装的标准化

物流包装的标准化的内涵,包装标准的类型实现,物流包装标准化的意义,我国物流包装的标准化的现状及存在问题,我国实现物流包装的标准化的措施。

★物流包装的合理化及优化

物流包装的合理化的内涵,物流包装的合理化物流包装的优化。

★物流包装现代化的发展趋势

采用单元货载尺寸和运输包装系列尺寸,实现物流包装的大型化实现,物流包装的机械化实现,物流包装的反复使用和废弃包装的回收再利用,开发新的包装材料和包装器具,网络经济时代包装管理发展趋势。

---

*

限制月饼过度包装包装成本应不超过出厂价25%

国家质检总局和国家标准委发布的月饼强制性国家标准于2006年6月1日起实施,是固体废物污染环境防治法修订后为防止过度包装而制定的第一项国家标准。

该标准明确规定:包装成本应不超过月饼出厂价格的25%;单粒包装的空位应不超过单粒总容积的35%;单粒包装与外盒包装内壁及单粒包装间的平均距离应不超过2.5厘米。(中国食品产业网,2006年6月1日07:42)

欧盟新包装标准因不合理遭遇尴尬境地

近日欧盟因被质疑只注重增加包装量,却没有关心可回收利用的问题而受到EEB(欧洲环境局,由143个欧盟各成员国及相关国家的环保市民团体组建的,目的是为了保护和提高欧洲的环境质量)的谴责。据悉,欧盟上周通过的新包装标准同四年前因为不合理而遭到否决的包装标准如出一辙,没有任何创新和效率,也没有涉及废物利用和再循环,反而加剧了这个问题。包装行业很明显的目的就是要减少废物,许多公司已经同意向一个独立的认证机构提交他们的包装材料和产品进行认证,并给他们的产品包装注明特殊标识,以告知消费者、零售商和其他相关人员。但新标准允许公司使用空洞无物的包装,如为证明其丰满而使用比实物本身体积大的多余包装等。此外,任何含有回收材料的包装也都被称为"可回收"字样。EEB同时谴责包装行业使用50%的由PVC或是相似的不符合循环利用标准的惰性(不能燃烧)材料。EEB的废物利用部的官员MelissaShinn表示,欧盟需要尽快承认错误并修正方案。

本章通过比较标准与标准化、包装标准与包装标准化的概念,使学生掌握物流包装标准化的内涵,了解我国物流包装标准化存在的问题及改进措施;通过了解不合理的物流包装的表现形式,使学生理解物流包装的合理化的措施以及物流包装的优化的概念;使学生了解物流包装现代化的发展趋势等相关内容。

第一节　物流包装的标准化

推行包装标准化是任何国家的一项重要技术经济政策,它适应于日益扩大的国际贸易发展的需要,成为产品走向国际市场的重要条件之一。其实发达国家物流标准化工作的绝大部分都是包装标准化,因而要实现物流标准化,必须首先实现包装标准化。

一、物流包装标准化的内涵

(一)标准与标准化的含义

标准是指对重复性事物和概念所作的统一规定。它以科学、技术和实践经验的综合成果为基础,经有关方面协商一致,由主管机构批准,以特定形式发布,作为共同遵守的准则和依据。标准化则是指在经济、技术、科学及管理等社会实践中,对重复性事物和概念通过制定、发布和实施标准达到统一,以获得最佳秩序和效益。

(二)包装标准与包装标准化

包装标准是为了在包装活动范围内获得最佳秩序,经协商一致制定并由公认机构批准,共同使用和重复使用的一种规范文件,主要是对各种包装标志、包装所用的材料规格、质量、包装的技术要求、包装件的检验方法等的技术规定。包装标准化是为了在包装活动范围内获得最佳秩序,对包装活动的现实问题或潜在问题制定共同使用和重复使用的条款的活动。

(三)物流包装标准化的含义

物流包装标准化是以物流包装为对象,对包装类型、规格、容量、使用材料、包装容器的结构类型、印刷标志、产品的盛放、规格、缓冲措施、封装方法、名词术语、检验要求等给予统一的政策和技术措施。物流包装的标准化可以保证资源和原材料的合理利用,并提高包装制品的生产效率,保证在物流整个供应链中的畅通沟通。我国加入WTO后,包装标准化与国际接轨,可以减少贸易技术壁垒中的国际物流争端,降低损耗,减少运输费用,提高运输效率,进而提高产品在国际市场上的竞争能力。

二、包装标准的类型

(一)包装基础标准和方法标准

包装基础标准和方法标准是包装工业基础性的通用标准,包括标准化工作指导原则、包装术语、包装尺寸、包装标志、运输包装件试验方法、包装技术与方法、包装管理、相关标准等八个方面的内容。

附录:包装基础标准

1. 包装标准化工作导则

包装标准化工作导则是国家标准、行业标准、地方标准、标准化指导性技术文件和企业标准写、出版应遵循的规范。它提供了标准的结构和编写规则,规定了标准中规范性技术要素内容的确定方法,还给出了封面、首页及以后各页的格式和字体字号。目前已建立的标准化工作导则有:

GB/T1.1 -2000 标准化工作导则第 1 部分:标准的结构与编写规定标准化工作导则;GB/T1.2 -2002 标准化工作导则第 2 部分:标准中规范性技术要素内容的确定方法;GB/T15000.6——1996 标准样品工作导则(6)标准样品包装通则。

2. 包装术语标准

包装术语标准是有关一般包装的术语和定义的规定。例如:

GB/T4122.1 -1996 包装术语基础

GB/T4122.2 -1996 包装术语机械

GB7285 -93 包装术语木容器

GB/T13039 -91 包装术语容器

GB/T13040 -91 包装术语金属容器

GB/T13483 -92 包装术语印刷

3. 包装尺寸标准

包装尺寸标准是为了流通合理化,对体系化的直方体包装或圆柱体包装所规定的底面尺寸。例如:

GB/T4892 -1996 硬质直方体运输包装尺寸系列

GB/T13201 -1997 圆柱体运输包装尺寸系列

GB/T13757 -1992 袋类运输包装尺寸系列

GB/T15140 -1994 航空货运集装单元技术要求

GB/T15233 -1994 包装单元货物尺寸

GB/T16471 -1996 运输包装件尺寸界限

GB/T17448 -1998 集装袋运输包装尺寸系列

4. 包装标志标准

包装标志标准是为在流通中保护货物及搬运者的安全,对普通货物和危险货物所规定的指示图示和标志。例如:

GB190 -1990 危险货物包装标志

GB191 -1990 包装储运图示标志

GB/T6388 -1986 运输包装收发货标志

GB5892 -1986 对辐射能敏感的感光材料运输包装图示标志标准

GB12904 -1991 通用商品条码

GB/T14257 -93 通用商品条码符号位置

GB/T14258 -93 条码符号印刷质量的检验

GB/T16288 -1996 塑料包装制品的回收标志

GB/T16472 -1996 货物类型、包装类型和包装材料类型代码

5. 运输包装件基本试验方法标准

运输包装件基本试验方法标准是为了包装货物免遭物流环境作用而损失，对运输包装件所制定的一系列模拟物流环境试验方法。例如：

GB/T4857.1－1992 包装运输包装件试验时各部位的标示方法

GB/T4857.2－1992 包装运输包装件温湿度调节处理

GB/T4857.3－1992 包装运输包装件静载荷堆码试验方法

GB/T4857.4－1992 包装运输包装件压力试验方法

GB/T4857.5－1992 包装运输包装件跌落试验方法

GB/T4857.6－1992 包装运输包装件滚动试验方法

GB/T4857.7－1992 包装运输包装件正弦定额振动试验方法

GB/T4857.8－1992 包装运输包装件六角滚筒试验方法

GB/T4857.9－1992 包装运输包装件喷淋试验方法

GB/T4857.10－1992 包装运输包装件正弦变频振动试验方法

GB/T4857.11－1992 包装运输包装件水平冲击试验方法

GB/T4857.12－1992 包装运输包装件浸水试验方法

GB/T4857.13－1992 包装运输包装件低气压试验方法

GB/T4857.14－1992 运输包装件基本试验倾翻试验方法

GB/T4857.15－1992 运输包装件基本试验可控制水平冲击试验方法

GB/T4857.16－1992 运输包装件基本试验采用压力试验机的堆码试验方法

GB/T4857.17－1992 包装运输包装件编制性能试验大纲的一般原理

GB/T4857.18－1992 包装运输包装件编制性能试验大纲的定量数据

GB/T4857.19－1992 包装运输包装件流通试验信息记录

GB/T4857.20－1992 包装运输包装件碰撞试验方法

GB/T4857.21－1992 包装运输包装件防霉试验方法

GB/T15099－1994 使用冲击试验机测定产品脆值的试验方法

GB/T15171－1994 软包装件密封性能试验方法

GB/T17344－1998 包装容器气密试验方法

6. 防护包装技术标准

防护包装技术标准是为了保护货物免遭物流环境作用而损失，对包装的一些特殊技术和方法所作的种种规定。例如：

GB/T4768－1995 防霉包装

GB/T15719－1995 现场发泡包装

GB/T16470－1996 托盘包装

GB/T7350－1999 防水包装

GB/T4879－1999 防锈包装

GB/T5048－1999 防潮包装

7. 包装管理标准

包装管理标准是为了进行包装质量、设计、回收等管理而做出的各种规定。例如：

GB857－89 包装标准化经济效果的评价和计算方法标准

GB/T12123－89 销售包装设计程序

GB12986－91 纸箱制图

GB/T13385－92 包装图样要求

GB/T15098－94 危险货物运输包装类别划分原则

GB/T15172－94 运输包装件抽样试验

GB15219－94 放射性物质运输包装质量保证

GB/T15258－94 危险化学品标签编写导则

8. 相关标准

主要包括集装箱、托盘、运输、储存条件的有关标准。例如：

GB/T2934－1996 联运通用平托盘主要尺寸及公差

GB/T4995－1996 联运通用平托盘性能要求

GB/T4996－1996 联运通用平托盘试验方法

GB/T5338－19951AAA、1AA、lA 和 lAX 型通用集装箱的技术条件和试验方法

GB/T13145－91 机械式冷藏集装箱堆场技术管理要求

GB/T14507－93 公路、水路货物运输气候环境条件

GB/T14508－93 等级公路货物运输机械环境条件

GB/T14509－93 水路货物运输机械环境条件

GB/T14945－94 货物运输常用残损代码

GB/T15119－94 集装箱常用残损代码

GB/T15234－94 塑料平托盘

GB/T15419－94 国际集装箱货运交接方式代码

GB/TI5420－94 国际航运货物装卸费用和船舶租赁方式条款代码

GB/T16299－1996 飞机底仓集装箱技术条件和试验方法

(二)产品包装标准

产品包装标准是对产品(包括工业品和农副产品)包装的技术要求和规定。一种是产品质量标准中对产品包装、标志、运输、储存等的规定，原则上按产品分类，结合我国当时的体制情况，分为机械、电子、轻工、邮电、纺织、化工、建材、医药、食品、水产、农业、冶金、交通、铁道、商业、能源、兵器、航空航天、物资、危险品等20大类；另一种是专门单独制定的包装标准。它只适用于包装行业的某一专业，包括包装材料、包装容器、集装容器、包装机械等方面的内容。

(三)包装工业的产品标准

包装工业的产品标准是指包装工业产品的技术要求和规定，如普通食品包装袋、高压聚乙烯重包装袋、塑料打包带等。

三、实现物流包装标准化的意义

实现包装的标准化对于实现物流全过程的物流整体合理化具有特别重要的意义。包装标准化的意义有如下几方面：

(一)物流包装标准化有利于提高物流工作效率

包装与物流的运输、保管、装卸、搬运、配送等要素都存在着密切的关系。包装标准化是节

约包装材料、提高仓库使用和运输效率、减少货物损失、降低劳动耗费、降低流通费用和提高物流工作效率的有效手段。

(二)物流包装标准化是组织现代化大生产的重要手段

实施包装标准化,可以简化包装的规格型号,使同类产品的包装可以互相通用,有利于包装生产向机械化、自动化发展,以适应现代化大生产的要求。

(三)物流包装标准化有利于适应包装机械化的要求

现代工业生产是采用机械化、自动化、系列化的社会化大生产,只有实现包装的标准化,才能适应大规模、大批量生产的要求,才能促进包装机械化、自动化的发展,迅速形成现代包装工程体系。

(四)物流包装标准化有利于包装物的回复利用

包装标准化使包装规格型号统一,有利于提高包装容器的通用性,能起到节省包装费用和回收运输费用的作用,具有较大的经济效益和社会效益。

(五)物流包装标准化有利于国际贸易的发展和物资流通范围的扩大

经济全球化的发展,使国际贸易中的物流活动不断加强和扩大,国际贸易要求商品包装标准化,以便于商品的国际流通。包装标准化已成为世界各国共同关注的一个问题。

四、我国物流包装标准化的现状及存在的问题

近年来,我国物流业的飞速发展也使得物流标准化建设取得了一定成绩,制定了不少相关标准,如集装箱标准、包装标准、物流信息管理标准及其他相关标准等。但目前仍处于发展的低级阶段,存在的主要问题有:

(一)各类运输方式间装备标准不一,限制多式联运的开展

例如,海运与铁路集装箱标准的差异,在一定程度上影响着我国海铁联运规模的扩展。我国海铁联运的集装箱运输在集装箱运输总量及铁路运输总量中的比例都比较低,对我国国际航运业务的拓展、港口作业效率的提高以及进出口贸易的发展都有一定程度的影响。

(二)物流器具标准不配套

例如现有托盘标准与各种运输装备、装卸设备标准之间缺乏有效衔接,影响了托盘在整个物流过程中的机械化和自动化水平的提高。

(三)物流包装标准与物流设施标准之间缺乏有效的衔接

虽然目前我国对商品包装已有初步的国家和行业标准,但在与各种运输装备、装卸设施、仓储设施相衔接的物流单元化包装标准方面还比较欠缺,这对各种运输工具的装载率、装卸设备的荷载率、仓储设施空间利用率方面的影响较大。

(四)信息技术不能实现自动地无缝衔接与处理,影响数据共享

工商企业内部物流信息系统与第三方信息系统之间缺乏有效衔接,运输信息系统、仓储信息系统、物流作业管理信息系统之间互不沟通,由于没有公共物流信息交流平台,以 EDI 互联网等为基础的物流信息系统难以得到实际应用。

(五)已有物流包装标准的应用推广存在障碍

这些标准、规范的不统一和非标准化,最终导致物流无效作业增多,物流速度降低,物流事

故增加,物流成本上升,物流管理质量下降,物流服务质量落后,严重影响我国物流企业和其他产品生产企业的效益和竞争力。我国加入 WTO 后,这个问题显得更加突出。

五、我国实现物流包装标准化的措施

(一)制定及修订我国物流包装标准

制定及修订包装标准是包装标准化工作的首要任务。发达国家不仅在物流标准的制定、组织实施和监督修订方面的经验、方法和手段需要学习,更重要的目的是为了学以致用,以最终形成有中国特色、又符合国际通用标准的物流标准。

(二)组织物流包装标准的实施及监督

实施标准是指将国家标准、部颁标准和企业标准通过具体措施贯彻到生产中去,以取得标准化的最佳经济效益。一个包装标准制订后,首先是要通过各种形式(编写资料、举办学习班等)进行宣传,使这项标准被广大使用者理解和掌握;其次要按照标准的要求,组织生产、改进工艺、协调解决各方面的矛盾,提高产品的包装质量,以达到标准的要求;最后还要通过质量鉴定,来评价质量和生产率的提高,减少包装材料的消耗和降低生产成本,从而体现贯彻这项标准获得的经济效益。

标准实施的监督主要采取两种形式,即产品包装质量检验和产品质量认证。组织有关部门监督检验产品标准执行情况,将质量检查和专职检验机构认证相结合,严格执行不合格的产品坚决不予出厂,使标准真正得以贯彻实施。

(三)提升企业对物流包装标准化工作的认识

我国现有物流标准化工作的相应落后和开展缓慢,是和行业及企业对标准化工作重要程度认识不足有很大关系的。甚至有些国际大公司到中国后,也在相当长的时间内因没有完善的物流系统而造成物流成本居高不下、交货时间难以保证、货物受损严重等物流问题。所以要全面深入地推进物流标准化工作,一方面要从行业法规的角度强行执行,同时更重要的是要进行普及性宣传和教育工作,以提升广大从业者对于标准化工作重要性的认识。只有他们深刻体会到标准化给他们带来的效益和利益,他们才会更自觉地遵守和执行,物流标准化工作才能稳步进展。

(四)加强物流包装高层次专业技术人才的培养

人才是所有工作的根本保证,目前市场上十分紧缺具有高层次的物流包装专业人才,因此要尽快完善和加强此类人才的培养。只有懂得物流、包装、标准化、国际贸易、WTO 规则等的高层次人才,才能适应和胜任物流标准化工作的要求。可以通过正规的学习、成人、职业、职业培训等多种方式来实现人才的培养。

第二节　物流包装的合理化及优化

一、包装合理化的内涵

(一)包装合理化的含义

包装合理化是指在包装过程中使用适当的材料和适当的技术,制成与物品相适应的容器,节约包装费用,降低包装成本,既满足包装保护商品、方便储运、有利销售的要求,又要提高包装的经济效益的包装综合管理活动。

(二)不合理的物流包装的表现形式

1. 包装不足。由于包装强度不足,包装材料不足等因素所造成商品在流通过程中发生的损耗不可低估。据我国 1988 年相关统计分析,认定因此而引起的损失,一年达 100 亿元以上。

2. 包装过剩。由于包装物强度设计过高,包装材料选择不当而造成包装过剩,这一点尤在发达国家表现突出,日本的调查结果显示,发达国家包装过剩约在 20% 以上。

3. 包装不当。根据有关资料统计,有 70% 的物流故障是由于包装不当引起的(如表 2-1 所示)。因此,克服上述物流故障的对策,基本上要落实到包装上来。

表 6-1　　与包装有关的物流故障分析表

物流环节	可能发生的故障	与包装有关的故障
运输	(1)运输车辆的振动;	
	(2)运输中货物坍塌;	√
	(3)货物因堆叠不当而压坏;	√
	(4)运输时雨雪渗漏;	√
	(5)急刹车时向前方冲击。	
搬运	(1)手工搬运时不慎跌落;	√
	(2)包装缺限引起意外跌落;	√
	(3)装卸机械操作失误;	
	(4)堆放货物不稳造成坍塌。	√
储存	(1)堆叠超过了包装物的极限强度而引起压坏;	√
	(2)堆放不当引起坍塌;	√
	(3)受潮生锈;	√
	(4)露天堆放被雨淋而损坏;	
	(5)储存中发生虫害而损坏。	

(三)合理包装的含义

合理包装是指能适应和克服流通过程中的各种障碍,是在极限范围内的最好的包装。从多个角度来考察,合理包装应满足八个方面的要求:

1. 包装应妥善保护内装的商品,使其质量不受损伤。这就是要制定相应的适宜的标准;使包装物的强度恰到好处地保护商品质量免受损伤。除了要在运输装卸时经受住冲击、震动外,还要具有防潮、防水、防震、防锈等功能。

2. 包装材料和包装容器应当安全无害。包装材料要避免有聚氯联苯之类的有害物质。包装容器的造型要避免对人引起伤害。

3. 包装的容量要适当，要便于装卸和搬运。

4. 包装的标志要清楚、明了。

5. 包装内商品外围空闲容积不应过大。

6. 包装费用要与内装商品相适应。

7. 提倡节省资源的包装。

8. 包装要便于废弃物的治理。

(四)合理包装的设计要点

1. 深入了解产品因素和物流因素

深入了解产品因素和物流因素是搞好合理包装的重要前提，否则就无法进一步确定保护等级要求和进一步选择包装材料、容器、技法、标志等。一般来说，在合理包装设计中，应考虑下列因素：

(1)了解产品的性质、尺寸、结构、重量、组合数等来决定采用什么类型的包装或者决定是否需要包装。

(2)了解产品的形状、脆性、表面光洁度、耐蚀性、电镀油漆类别等性质来决定采用什么样的内衬件或缓冲件。

(3)了解产品的价值或贵重程度，来决定如何选择保护措施。

(4)了解内装物与包装材料之间有什么互相作用，是否可能产生什么有害物质，以合理选择包装材料和容器。

(5)了解不同内装物放在一起，有无造成污染的可能性，来决定包装的方法。

(6)了解是否有必要提供空间或空隙。

(7)了解是否有必要提供防盗措施。

2. 了解流通环境和运输目的地

(1)了解产品从生产厂到目的地之间整个路途，是国内运输还是国际运输，是热带地区还是寒带地区，是车站还是港口，是城市还是村庄等。

(2)了解运输方式，是公路、铁路、海运，江河、空运，还是人工或畜力运输，弄清楚运输工具的类型、振动、冲击等量值，道路路面情况，是否使用集装箱运输，是按体积计算货物运价还是按重量计算。

(3)了解搬运、装卸及库存情况，弄清楚装货和卸货的预计次数和特点，运输中转及目的地装卸条件的机械化程度，搬运操作的文明程度，运输前后及中途存放日期和条件等。

(4)了解运输途中或目的地的气候条件，弄清楚温度、相对湿度的可能范围，有无凝结水珠的可能性，是否会受到暴雨袭击，是否会受到海水侵害，所经受大气压的范围，尘土、空气污染等情况。

3. 注意包装各功能间的平衡

包装的合理化，就是要做到在合理地保护产品安全的基础上，尽量降低包装成本和减少物流费用。这一问题实质上是搞好包装各种功能之间的综合平衡。

我们知道，运输包装的保护功能的提高，将导致运输、储存为包装的不可靠而支付费用的降低；而运输包装方便，传达功能的提高，也将导致物流管理费用的降低。另一方面，包装保护功能的提高，将导致材料费、设备费、人工费、技术引进等费用的增加，结果是包装费用的增加。

因此，为了求得上述功能间的合理平衡，就需要设计出技术上、经济上最优的运输包装，也就是使产品可靠地从生产厂到达用户手中，在包装费用与物流费用之间保持平衡。合理包装并不是可靠度最高的包装，而是运输包装各功能之间平衡的一种包装。

二、包装合理化的措施

要实现包装合理化，需要从以下几方面加强管理：

(一)广泛采用先进包装技术

包装技术的改进是实现包装合理化的关键。要推广诸如缓冲包装、防锈包装、防湿包装等包装方法，使用不同的包装技法，以适应不同商品的包装、装卸、储存、运输的要求。

(二)由一次性包装向反复使用的周转包装发展

(三)采用组合单元装载技术

即采用托盘、集装箱进行组合运输。托盘、集装箱是包装—输送—储存三位一体的物流设备，是实现物流现代化的基础。

(四)推行包装标准化。

(五)采用无包装的物流形态

对需要大量输送的商品(如水泥、煤炭、粮食等)来说，包装所消耗的人力、物力、资金、材料是非常大的，若采用专门的散装设备，则可获得较高的技术经济效果。散装并不是不要包装，它是一种变革了的包装，即由单件小包装向集合大包装的转变。

三、物流包装的优化

(一)物流包装优化的概念

所谓物流包装优化，即通过优化规划，给零售点或用户提供不同包装件的合理组合，包括包装箱包装盒组件，集装箱组件等。而最终用户可以得到优化的集装箱或包装件的设计，具备较好的包装稳定性，并能减少成本，缩短定货交货时间，提高效率和准确性。

(二)物流包装优化的要素

从物流总体角度出发，用科学方法确定最优包装。

1. 物流包装外形和尺寸的优化

对物流包装发生影响的第一因素是装卸，不同装卸方法决定着包装。目前我国铁路运输，特别是汽车运输，还大多采用手工装卸，因此，包装的外形和尺寸就要适合于人工操作。

2. 物流包装强度的优化

对包装有影响的第二个因素是保管。在确定包装时，应根据不同的保管条件和方式而采用与之相适合的包装强度。

3. 物流包装运输的优化

对包装有影响的第三个因素是运输。运送工具类型，输送距离长短，道路情况等对包装都有影响。我国现阶段，存在很多种不同类型的运输方式：航空的直航与中转，铁路快运集装箱、包裹快件、行包专列等，汽车的蓬布车、密封厢车，以上不同的运送方式对包装都有着不同的要求和影响。

4. 装卸人员素质的优化

装卸人员素质低，作业不规范也直接引发商品损失。广州某快运公司的总经理曾谈起这样一件案例：从香港报关进口的一件大木箱，内装精密设备，要求运输途中不能倾斜。当木箱运至客户手中时，货主肯定地认为货物已被倾斜了，因为木箱外包装上有一个标识变成了红色——原来该货物倾斜 45 度时，外包装上的标识就会变色。因此，引进装卸技术，提高装卸人员素质，规范装卸作业标准等都会相应地促进包装、物流的合理化。

第三节　物流包装现代化的发展趋势

就我国而言，1972 年以前我国商品运输包装多数采用木箱、木桶、麻袋、篓筐等传统包装，在商品流通中商品损失严重。1984 年全国包装大检查的总结报告中曾经指出："通过包装大检查，暴露出我国各类商品在商品流通中破损、霉变、渗漏、散失等现象十分严重。据各地不完全统计，1983 年内销商品由于包装不善和运输、装卸、仓储等问题，造成商品损失约 40 亿元"。全国包装大检查有力地推动了运输包装的改进工作，经过 1984 年至 1987 年的包装改进和综合治理，取得减损、增收、节约 40 多亿元的经济效益。尽管我国运输包装的改进取得了较大的成绩，但与世界包装的发展水平相比还有一定差距，因此，我国的物流包装在包装标准化、集合包装、合理包装优化设计等方面，都需要进一步改进和发展。就世界范围而言，商品运输中各种性能不同的纸箱、纸捅逐渐地取代原来的木箱和铁桶；集合包装得到越来越普遍的、采用；运输包装的标准化得到高度重视；结合货物发运所在地的气候、港口设施等因素条件，同时结合不同商品特点进行合理包装优化设计。由此可见，物流包装现代化的趋势表现为以下几个方面。

一、采用单元货载尺寸和运输包装系列尺寸

物流系统效率化的关键在于使单元货载系统化。所谓单元货载系统是把货物归整成一定数量的单件进行动输，其核心是自始至终采用托盘运输，即从发货至到货后的装卸，全部使用托盘运输方式。为此，在物流过程中所有的设施、装置、机具均应引进物流标准概念。物流标准是指为实现标准化，提高物流效率，将物流系统各要素的基准尺寸体系化。其基础就是单元货载尺寸。

单元货载尺寸是运输车辆、仓库、集装箱等能够有效利用的尺寸。单件货载尺寸按 JIS20603 的规定，托盘以 1100mm × 1100mm 和 1000mm × 1200mm 为标准。将这一标准数值进行整数分割或组合而成的 69 种数值的正方形尺寸和 40 种数值的长方形尺寸作为运输包装系列尺寸的规格值。

采用这种运输包装系列尺寸，可以使货物恰好不多不少地码放在托盘上，既不致溢出，也不留有空隙。卡车的车箱规格，也最好按单元货载尺寸的要求制造，使装载货物时既不致超出也不致留空。

二、实现物流包装的大型化

随着交易单位的大型化和物流过程中搬运的机械化,单个包装亦趋大型化。如作为工业原料的粉粒状货物,就使用以吨为单位的柔性容器进行包装。

大批量出售日用杂货或食品的商店因为销售量大,只要不是人力搬运,也无需用20千克的小单位包装。包装单位大型化可以节省劳力,降低包装成本。与包装大型化同步的是最近在有的批发商店里,直接将工业包装的货物摆在柜台上,可见对这种大型化包装应给予足够的重视,由此也可以看出包装的趋势。

三、实现物流包装的机械化

包装过去主要是依靠人力作业的人海战术,进入大量生产、大量消费时代以后,包装的机械化也就应运而生。包装机械化从逐个包装机械化开始,直到装箱、封口、捆扎等外包装作业完成。此外,还有使用托盘堆码机进行的自动单元化包装,以及用塑料薄膜加固托盘的包装等。

包装机械化对于节省劳力,货物单元化,提高销售效率,以及采取无人售货方式等均是必要的,不可缺少的。

四、实现物流包装的反复使用和废弃包装的回收再利用

包装的寿命很短,多数到达目的地后便废弃了。但随着物流量的增大,垃圾公害问题提上议事日程。随着对"资源有限"认识的加深,包装材料的回收利用和再生利用受到了重视。今后应尽可能地积极推行包装容器的循环使用,并尽可能地回收废弃的包装容器予以再生利用。这是非常重要的,特别是近来过大包装、过分包装、包装废弃物问题,回收再生利用等等包装与社会机制协调的问题将日益突出。

五、开发新的包装材料和包装器具

利用各种复合技术、包装容器技术大量开发新包装材料和容器是现代化的重要内容。这方面的主要趋势是包装物的高功能化,用较少的材料实现多种包装功能。

六、网络经济时代包装管理发展趋势

(一)由于电子商务兴起,电子商务发展,使人们通过互联网就可以搜寻到有关商品的全部信息,这信息远胜于传统包装利用商业包装的促销作用。因此,可以预见,随着电子商务的发展,包装促销的功能会逐渐弱化,促销型包装的领域会大幅度的狭窄化。

(二)以集装方式进行多式联运形成的"门到门"的物流系统,由于集装方式有很好的保护功能,又由于采用多式联运的方法,取消了途中的多次装卸、搬运活动,因此商品的防护性包装也会逐渐弱化,尽量减少防护性包装,又可以减轻商品的重量、缩减商品的体积,从而可以充分利用集装容器的空间,大大提高效率。所以,随着集装方式大规模化和网络化的进展,商品防护性包装的功能也会逐渐减退。

※习题

一、名词解释

1. 包装标准化
2. 包装合理化
3. 物流包装优化
4. 合理包装
5. 标准

二、填空题

1. 包装标准化是为了在包装活动范围内获得________,对包装活动的现实问题或潜在问题制定共同使用和重复使用的条款的活动。

2. 产品包装标准是对产品(包括工业品和农副产品)包装的________和规定。

3. 深入了解________是搞好合理包装的重要前提,否则就无法进一步确定保护等级要求和进一步选择包装材料、容器、技法、标志等。

4. 对物流包装发生影响的第一因素是________,不同________决定着包装。

5. 随着电子商务的发展,包装促销的功能会逐渐________,促销型包装的领域会大幅度的________。

三、单项选择题

1. 物流包装的标准化可以保证资源和原材料的合理利用,并提高包装制品的生产效率,保证在物流整个________中的畅通沟通。

A. 供应链　B. 流通　C. 交换　D. 过程

2. 深入了解产品因素和________因素是搞好合理包装的重要前提,否则就无法进一步确定保护等级要求和进一步选择包装材料、容器、技法、标志等。

A. 商品　B. 物流　C. 环境　D. 交通

3. 包装的合理化,就是要做到在合理地________的基础上,尽量降低包装成本和减少物流费用。

A. 公平交易　B. 快捷迅速　C. 美观大方　D. 保护产品安全

4. 所谓单元货载系统是把货物归整成一定数量的单件进行运输,其核心是自始至终采用________,即从发货至到货后的装卸,全部使用托盘运输方式。

A. 托盘运输　B. 铁路运输　C. 集装箱运输　D. 航空运输

5. 包装机械化对于节省劳力,________,提高销售效率,以及采取无人售货方式等均是必要的,不可缺少的。

A. 装卸智能化　B. 交通现代化　C. 货物单元化　D. 标志规范化

四、多项选择题

1. 标准是指对重复性事物和概念所作的统一规定。它以____的综合成果为基础。

A. 科学　B. 技术　C. 实践经验　D. 理论　E. 数学模型

2. 实现物流包装标准化的意义________。

A. 物流包装标准化有利于提高物流工作效率

B. 物流包装标准化是组织现代化大生产的重要手段

C. 物流包装标准化有利于适应包装机械化的要求

D. 物流包装标准化有利于包装物的回复利用

E. 物流包装标准化有利于国际贸易的发展和物资流通范围的扩大

3. 不合理的物流包装的表现形式________。

A. 不包装　B. 包装不足　C. 包装过剩　D. 包装不当　E. 包装精美

4. 物流包装现代化的发展趋势是________。

A. 采用单元货载尺寸和运输包装系列尺寸

B. 实现物流包装的大型化

C. 实现物流包装的机械化

D. 实现物流包装的反复使用和废弃包装的回收再利用

E. 开发新的包装材料和包装器具

5. 合理包装的设计要点________。

A. 深入了解产品因素和物流因素

B. 了解流通环境和运输目的地

C. 注意包装各功能间的平衡

D. 了解国家政策法规

E. 了解当地风俗习惯

五、简答题

1. 包装标准的类型有哪些?

2. 我国实现物流包装标准化的措施有哪些?

3. 合理包装的含义包括哪些?

4. 物流包装优化的要素主要有哪些?

5. 请举例说明我国物流包装存在的不合理现象。

六、问答题

1. 我国物流包装标准化的现状及存在的问题。

2. 物流包装现代化的发展趋势。

[案例思考]

●伊利让牛奶废包变废为宝

中国大型乳品企业伊利最近传出喜讯:原本让企业难以处置的生产过程中产生的牛奶复合纸包装废包,在其旗舰生产基地金川厂的回收率已经达到100%。这个百分比具有不同寻常的意义,它首先表明中国乳品企业已经有着较高的环保意识和可持续发展战略,同时也表明中国的液态奶复合纸包装的回收利用已经有了一个良好的开端。

几年前,生产过程中产生的牛奶废包一直是伊利的一个沉重包袱,伊利每年要为处理这些所谓的“垃圾”支付不小的费用。伊利早就把环保和可持续发展纳入企业长远发展规划的一个重要方面,因此填埋处理不是长久之计,必须积极开展废包的回收利用。通过复合包装供应商利乐公司环境技术人员的介绍,伊利了解到常温利乐砖包中75%是优质纸浆,通过水力分解处理,纸浆就可以分离出来,用于生产各种纸制品,包装中的铝箔和塑料可以做成铝塑粒,供应相关企业用作生产原料,复合软包装具有很高的再生利用价值,可以说“全身都是宝”,在国外已经有很多循环经济开发利用的成功经验。为了从根本上解决国内生产废弃包装处理的难题，伊利与利乐公司合作，很快在金川厂成立了环保行动小组。金川厂联合利乐中国环境技术部对位于呼和浩特远郊的荣信纸厂进行技术扶持，在2003年建立了以水力再制浆技术为核心的复合纸包装循环再生项目。通过这一项目，荣信纸厂增加了优质纤维的来源，使其生产高档纸时有了更多的原料来源。

目前，在利乐驻厂服务团队的协调下，伊利金川厂与荣信纸厂已经建立了一种双赢的商业模式。在金川厂将废奶包打包成捆的基础上，荣信纸厂以数百元的价格定时上门收购，而荣信纸厂出产的纸制品，又以优惠的价格，部分提供给伊利，用作外包装纸箱材料或建筑材料。随着荣信纸厂生产线的完善和扩大，金川厂每月20t左右的生产过程中的废包，荣信已经能够完全“吃”下，金川厂的废包回收率已经达到100%。伊利金川厂厂长杨庭海表示，金川厂的废包回收利用项目是一个成功试点，我们希望星星之火能够很快燎原。现在，基于金川厂的成功经验，伊利包头厂的回收再生利用项目已经全面启动。其他有条件的工厂，我们也会尽快启动类似的项目。是环保意识和环保技术让伊利公司昔日令人头痛的牛奶废包，如今变“废”为“宝”。在我们倡导环保和可持续发展的今天，伊利金川厂的环保探索值得借鉴。

●我国包装问题严重

就我国而言，1972年以前我国商品运输包装多数采用木箱、木桶、麻袋、篓筐等传统包装，在商品流通中商品损失严重。1984年全国包装大检查的总结报告中曾经指出：“通过包装大检查，暴露出我国各类商品在商品流通中破损、霉变、渗漏、散失等现象十分严重。据各地不完全统计，1983年内销商品由于包装不善和运输、装卸、仓储等问题，造成商品损失约40亿元”。全国包装大检查有力地推动了运输包装的改进工作，经过1984年至1987年的包装改进和综合治理，取得减损、增收、节约40多亿元的经济效益。尽管我国运输包装的改进取得了较大的成绩，但与世界包装的发展水平相比还有一定差距，因此，我国的物流包装在包装标准化、集合包装、合理包装优化设计等方面，都需要进一步改进和发展。

[案例讨论题]

1. 伊利公司是如何处理牛奶废包装的？

2. 伊利金川厂的成功经验应如何借鉴？

3. 我国在包装业如何缩短与发达国家的差距？

◆——第 7 章　物流包装的管理

●本章主要内容

★物流包装容器的管理

包装容器的概念，包装容器的分类，常见的物流包装容器

物流包装容器的管理。

★物流包装设备的管理

包装设备，包装自动生产线，物流包装设备的管理。

★物流包装成本的管理

物流包装成本管理，物流包装成本的构成，降低物流包装成本的途径。

★物流包装的质量管理

物流包装质量管理概述，包装产品质量管理发展趋势。

★物流包装性能试验

影响包装性能的环境因素，包装性能试验的设计，包装性能试验方法。

---

*

水产品出口包装面临三大问题

我国水产品出口每年因包装不合格损失数十亿美元。目前，水产品包装的技术标准给出口企业带来一定损害。究其原因，主要是企业和商家均不重视水产品的包装。在水产品加工出口企业中，大部分企业对产品的外包装尚存在各种模糊认识。有些企业的经营者甚至认为，出口的水产品只有自身的质量才是决定一切的关键。然而事实证明，导致水产品出口的损失不仅在产品自身的质量上，而且多发生在外包装质量上。主要表现为：一是材质不过硬，经不住长途运输和多次搬运，造成包装体的破碎，损坏了产品的内在质量。尤其是水产品一经污染，便成了次品、废品；二是不符合“绿色包装”的要求，材料中含有污染环境和影响健康的有毒成分，最终影响了水产品自身的质量；三是包装标识图案及文字说明不符合进口国的要求和规定，最终导致产品退货。如今有些国家已将水产品的包装检验标准从原先的几项、十几项增加到几十项。有些指标甚至细化到了包装的印刷层面。例如标签，只要是在包装上少了个标识，即使品质再优良也照退不误。由此可见，注重水产品的包装质量决非小事一桩，它是关系到企业和商家生存的重大问题，决不可等闲视之。

本章通过对各种物流包装容器、物流包装设备的介绍，使学生了解它们的特点及其管理的要点；学生还要掌握物流包装成本的组成及降低成本的手段，了解物流包装质量的管理及物流包装的捆扎方法等相关内容。

第一节　物流包装容器的管理

一、包装容器的概念

包装容器是以方便储存、运输、销售为目的而使用的任何容纳、限制或封闭物品的器具，例如包装袋、包装盒、包装瓶、包装罐、包装箱等。它可以有效地保护被包装物品。

二、包装容器的分类

包装容器的分类很多，常见的分法有以下几种：

（一）按包装容器的结构型式分类：有包装袋、包装盒、包装瓶、包装罐、包装箱、包装桶等。

（二）按包装容器所用的材料分类：有纸类包装容器、木材类包装容器、塑料类包装容器，金属类包装容器、玻璃类包装容器、陶瓷类包装容器、纤维织物类包装容器、复合材料类包装容器等。

（三）按包装容器的结构刚性分类：有刚性包装容器，它结构形状和尺寸确定，抗压强度较高，不因装填或取出内装物而产生形变，用玻璃、陶瓷、金属、木材、硬质塑料等材料制造的容器即属此类。半刚性包装容器，它结构形状和尺寸确定，但抗压强度较低，当外力超过容器的抗力限度时，将产生形变，甚至损坏。用软质塑料片、瓦楞纸板等材料制造的容器即属此类。柔性包装容器，其性柔软，形状因装填或取出内装物而改变。用塑料薄膜、纸张、纤维织物、柔性复合材料等材料制造的容器即属此类。

（四）按包装容器的成型方式分类：有预制的包装容器，即在包装前预制成型，供包装时使用；即时成型的包装容器，即在物品包装过程中即时完成包装容器的成型制作。

三、常见的物流包装容器

（一）包装袋

包装袋是用有较高韧性、抗拉强度和耐磨性的挠性材料制成的管状结构的包装容器。包装袋可根据盛装产品的重量、尺寸、性质及使用要求设计制造，自身重量轻，所占空间少，运输成本低。但是包装袋比较柔软，缺乏一定的硬度，在运输过程中，易于损坏，没有盒、箱等容器坚固。包装袋广泛用于运输包装、销售包装、内包装、外包装。一般将包装袋分为集装袋、一般运输包装袋和普通包装袋三种类型。

1. 集装袋。是一种大容积的运输包装袋，盛装重量在 1000kg 以上。一般采用聚丙烯、聚乙烯等聚酯纤维纺织而成，顶部一般装有金属吊架或吊环等，以便于铲车或起重机的吊装、搬运。卸货时可打开袋底卸货孔进行卸货，非常方便，适于装运颗粒状，装卸效果明显提高，近年发展很快。

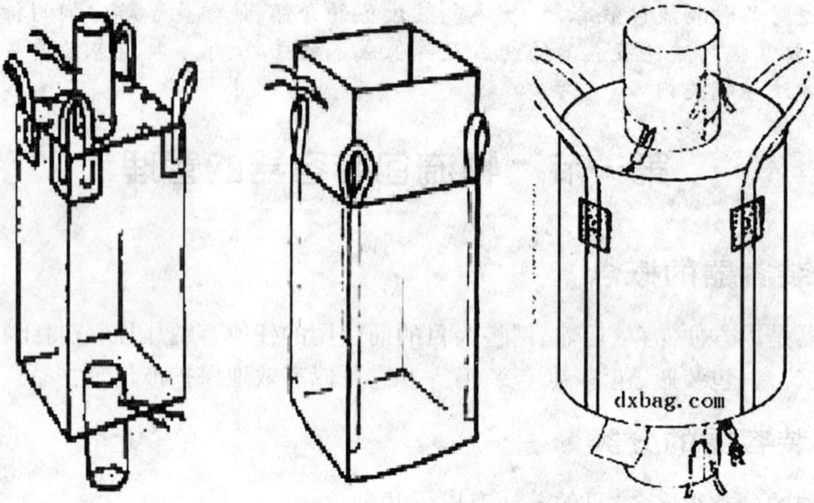

图 7－1　集装袋

2. 一般运输包装袋。大部分由植物纤维或合成树脂纤维纺织而成的织物袋，或由几层挠性材料构成的多层材料包装袋。如麻袋、草袋、水泥袋等，盛重量在 5～100kg。一般运输包装袋主要用于粉状、颗粒状和个体小的货物包装。

图 7－2　一般运输包装袋

3. 普通包装袋。盛装重量较少，通常用单层材料或双层材料制成，对某些具有特殊需要的包装袋，一般以塑料薄膜、牛皮纸、玻璃纸、蜡纸等材料制成。这种包装袋应用范围较广，液状、粉状、块状和异型物等都可以采用普通包装袋包装。

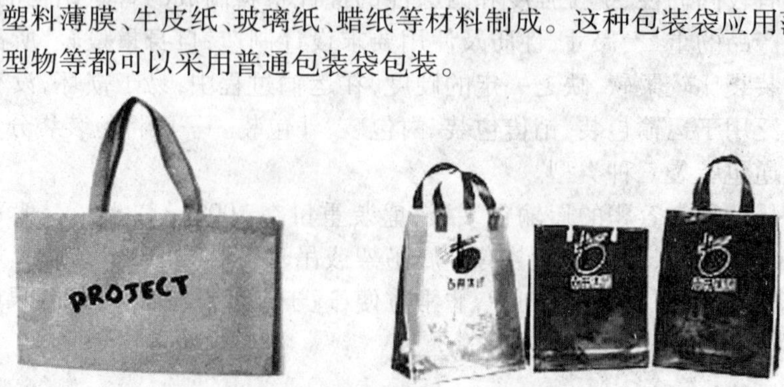

图 7－3　普通包装袋

(二)包装箱

包装箱是一种刚性或半刚性包装容器,有较高的强度且不易变形。它的包装结构与包装盒相同,但容积、外形都大于包装盒,两者的容积分界为10L。包装操作主要为码放,然后将开闭装置闭合或将一端固定封死。包装箱整体强度较高,抗变形能力强,包装量也较大,适宜做运输包装和外包装,包装范围较广,主要用于固定货架包装。主要的包装箱有:

1. 瓦楞纸箱。是用瓦楞纸板制成的箱形容器。具轻便、牢固、便于机械化生产的特点。它既可以用于运输包装,也可用于销售包装。瓦楞纸箱按外形结构可分为折叠式瓦楞纸箱、固定式瓦楞纸箱和异形瓦楞纸箱三种;按构成箱体的材料划分为瓦楞纸箱和钙塑瓦楞纸箱。

图7-4　瓦楞纸箱

2. 木箱。木质包装容器是指以木材为原料制造,并用于产品包装的容器,是最古老的包装容器之一,木材在包装方面的用量仅次于纸包装容器。木质包装容器现在仍广为应用,是由于它具有许多优越的特性:

(1)机械强度大,刚性好,抗机械损伤能力强,可承受巨大的码垛载荷。

(2)木质容器弹性好,抗冲击性能强,是装载大型、重型产品的理想容器。

(3)木材耐腐蚀性强、不生锈、不污染内装物,宜于包装具有腐蚀性的化工产品。

(4)木质容器加工容易,用很简单的工具即可做成,且试制和改进也十分简便。

(5)木质包装可回收再利用,所以包装成本较低,成为废品时还可进行综合利用。

(6)木质容器便于吊装,在运输和仓储中,码垛方便,能充分利用有效空间。

(7)用胶合板制造的木质容器,外表较美观,并具有一定的耐久性、防潮性和防湿性。

木质容器也有其不足,其主要不足是空箱体积大,给贮运带来不便,易吸湿,不能露天放置;生产机械化程度不高;木材资源日渐缺乏。随着工业的发展,木包装容器在包装中的作用将日渐减少。

木箱主要有木板箱、框板箱、框架箱三种。框板箱是先由条木与人造板材制成箱框板,经钉合装配而成。在容量相同时,框板箱比木板箱轻,但箱体外径尺寸比木板箱大。框板箱耐压强度良好,具有一定的密封性,但耐戳穿强度低。框架箱由一定截面的条木构成箱体的骨架,根据需要也可在骨架外面加木板覆盖。框架箱有较好的抗震能力和抗扭力,有较大的耐压能力,装载量大。

图7-5　木箱

3. 塑料箱。用塑料包装材料制成，一般用做小型运输包装容器，具有自重轻、耐蚀性好，可装载多种商品，整体性强，强度和耐用性能满足反复使用要求，可制成多种色彩以对装载物分类，手握搬运方便等优点。

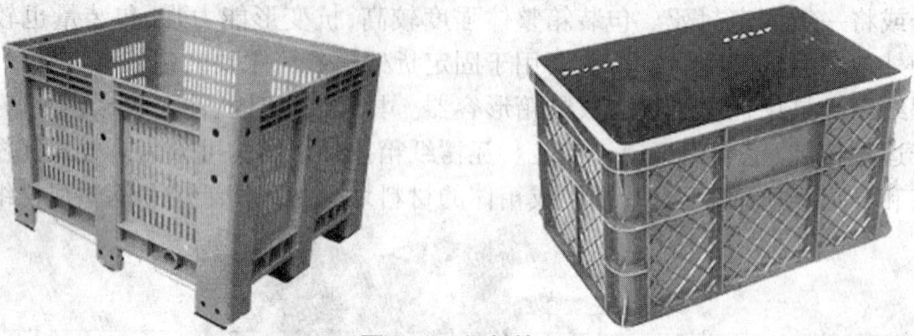

图 7－6　塑料箱

4. 集装箱

集装箱是由钢材和铝材制成的大容积物流装运设备。从包装角度看，它是一种大型包装箱，属于运输包装的类别，是大型反复使用的周转型包装容器。

图 7－7　集装箱

(1)集装箱的特点：

a. 强度高，保护、防护能力强，货损小。

b. 功能强大，本身可作为储藏仓库，可不再配置仓库、库房。

c. 可重叠垛放，占用空间少，提高了单位空间储量。

d. 集装数量大，尤其是散杂货集装功能更突出。装载量和自重之和最高可达 30 吨以上。

e. 便于规划、装运，简化装卸工艺，使用效率高，通用性、互换性强。

(2)集装箱的缺点：

a. 自重大，无效运输、无效装卸的比重大，增加劳动投入和货运成本。

b. 造价高，物流中分摊成本高。

c. 空箱返空浪费大。

(三)包装罐

包装罐是罐身各处横截面形状大致相同，罐颈短，罐颈内径比罐身内径稍小或无罐颈的一种包装容器，是刚性包装的一种。它的包装材料强度高，罐体抗变形能力强。可做运输包装、外包装，也可用做销售包装、内包装。常用包装罐主要有：

1. 小型包装罐。是典型的罐体，可用金属材料或非金属材料制造，容量大，主要用于销售包装、内包装，罐体多采用各种方式装潢美化。

2. 中型包装罐。外形也是典型的罐体，但容量较大，主要用于化工原材料、土特产的外包装，起运输包装的作用。

3. 集装罐。是一种大型罐体，外形有圆柱形、圆球形，椭圆形等，卧式、立式都有。大多为罐体大，而罐颈小。采取罐填式作业，灌进作业和排出作业往往不在同一罐口进行，另设卸货出口。集装罐是典型的运输包装，适合包装各种流体、粉状及颗粒状货物。

图 7－8　集装罐

四、物流包装容器的管理

物流包装容器管理主要包括包装容器的加工与采购、包装器具的回收复用等。物流包装容器是物流包装管理的基本组成部分，其目标是降低物流成本，实现物流的最优经济效益。

(一)物流包装容器的加工与采购

对于物流包装容器加工与采购的管理，主要是做好加工与采购计划并加以控制。在包装容器加工与采购之前，物流、质检等相关部门应根据包装设计结果，确定包装规格、数量、质量要求和验收规程，使包装容器的加工与采购有计划按步骤进行。采购包装容器应以定点采购为主，并监督加工，按采购合同进行，发现问题及时解决。包装容器进货后应做好入库验收、储存及库存控制。由质检人员按照质量要求及加工采购合同规定进行检验，入库时应有入库验收单，储存条件应满足包装容器本身的要求，严控库存，不得出现库存积压及缺货。

(二)物流包装容器的回收及反复利用

物流包装容器的回收和反复利用对节约资源，减少环境污染，降低物流成本和提高社会效益与经济效益有重要意义，因此对能够再次使用的包装容器，必须进行回收再利用。一般可采取以下管理措施：

1. 通用包装

无论何处落地都可转用于其他商品的包装。

2. 周转包装

货物运至客户卸下后，将货物的周转包装器具同车返回。

3. 梯级利用

一次性包装器具，用完后转作它用或用完后进行简单处理转作它用。

4. 再生利用

用完后的空包装容器，再生处理后转作它用。

在流通企业应有专人或专门的机构负责管理包装器具的回收与复用工作。对继续使用的包装器具应加固修理妥善保管以备使用,同时加固的包装器具应严格按照包装质量标准进行检验。对于不能继续使用的包装器具应及时与有关单位联系,或转作它用和再生利用。

(三)集合包装器具的管理

集合包装器具主要有集装容器和辅助工具两大类,集装容器有集装箱、托盘、集装袋、集装罐等;辅助工具有装卸辅助工具、包装辅助工具等。

1. 集装箱、托盘等包装容器的周转管理

集装箱、托盘、集装罐等包装容器一旦发运,流动于千里之外。其管理一般采用网络软件进行,这些系统能够有效地了解各集装容器的动态,解决各类管理问题,提高管理的效率。

2. 集装联运经营管理

集合包装的整个物流过程涉及到若干运输方式、部门和场站。因此,必须进行集装联营才能做好集合包装的管理。

3. 集装信息化

集装信息化不仅是集合包装运输的需要,也是集合包装器具管理的需要,实现集装信息化,集合包装器具的回收就能形成高效运营的物流系统。

第二节　物流包装设备的管理

一、包装设备

(一)包装设备的概念

根据国际标准化组织制定的包装机械国际标准(ISO/TCl22/SC4N48E)和我国制定的包装机械国家标准(GB/T412283,GB/T5035－85),包装设备即包装机械,是指完成全部和部分包装过程的一类机械设备。包装过程包括填充、裹包、封口等主要工序及与其相关的前后工序。如清洗、堆码和拆卸、计量及在包装件上盖印等工序。

(二)包装设备的分类

包装设备的种类很多,根据不同的标准可以划分为不同的类别。

1. 按包装物的使用范围划分,可分为通用包装设备、多用包装设备和专用包装设备。

2. 按包装物和包装材料的供给分类,可分为自动包装设备、半自动包装设备。

3. 按包装种类分,可分为外包装设备、内包装设备和单个包装设备。

4. 按包装设备的功能分类,可分为灌装设备、填充设备、裹包设备、封口设备、贴标设备、清洗设备、干燥设备、杀菌设备、捆扎设备、集装设备、多功能设备等。

(三)包装设备的作用

在社会再生产过程中,产品包装处于生产过程的末端和物流过程的开始,既是生产的终点又是物流的起点,而包装机械是使产品包装实现机械化、自动化的根本保证,因此包装机械在物流中起着相当重要的作用。

1. 大幅度地提高生产效率

机械包装要比手工包装速度快得多。例如,啤酒灌装机的生产率可高达36000瓶/小时,这是手工灌装无法比拟的;糖果包装机每分钟可包糖数百块甚至上千块,是手工包糖速度的几十倍。

2. 改善劳动条件,降低劳动强度

手工包装的劳动强度大:包装体积大、质量大的产品,既耗费体力又不安全;包装轻小产品,动作频率高且单一。同时,手工包装的劳动条件也差:包装液体产品,易造成产品外溅;包装粉状产品,往往造成粉尘飞扬。广泛采用包装机械代替手工包装,不仅可以大大改善工人的劳动条件和环境,避免有毒产品、有刺激性和放射性产品危害工人身体健康,而且能使包装工人从繁重的劳动中解放出来。

3. 节约原材料,降低产品成本

在包装液体产品或粉状产品时,由于液体飞溅、粉尘飞扬,不仅污染了环境,而且又浪费了原材料,采用机械包装就能防止产品的散失,既保护环境,又节约了原材料。

4. 保证产品卫生,提高包装质量

有些产品的卫生要求很严格,如食品、药品等,采用机械包装,可以避免人手直接接触食品和药品,而且由于包装速度快,食品和药品在空气中停留时间缩短,减少了污染机会,有利于产品保洁,保证了产品卫生质量。同时,机械包装易于实现包装的规格化、标准化。

5. 降低包装成本,节约储运费用

对于松散产品,例如烟叶、丝、麻、棉花等产品,采用压缩包装机压缩包装,可大大缩小体积,降低包装成本,节省仓容,减少保管费,有利于运输。

6. 延长保质期,方便产品流通

采用真空、无菌等包装机进行产品包装,可以延长食品和饮料的保质期,使产品的流通范围更加广泛。

7. 减少包装场地面积,节约基建投资

采用手工包装,由于包装工人多,工序不紧凑,包装作业占地面积大,基建投资多。采用机械包装,产品和包装材料的供给比较集中,各包装工序安排紧凑,因而减少包装占地面积,节约基建投资。

(四)常见的包装设备

1. 充填机械

充填机械是将精确数量的包装品装入到各种容器内的机器,用于包装粉状、颗粒状的固态物品。按计量方式不同,充填机械可分为容积式充填机、称重式充填机和计数式充填机;按填充物的物理状态不同,充填机械可分为粉料充填机、颗粒物料充填机和块状充填机;按充填功能不同,可分为制袋充填机、成型充填机、仅具充填功能的充填机等。

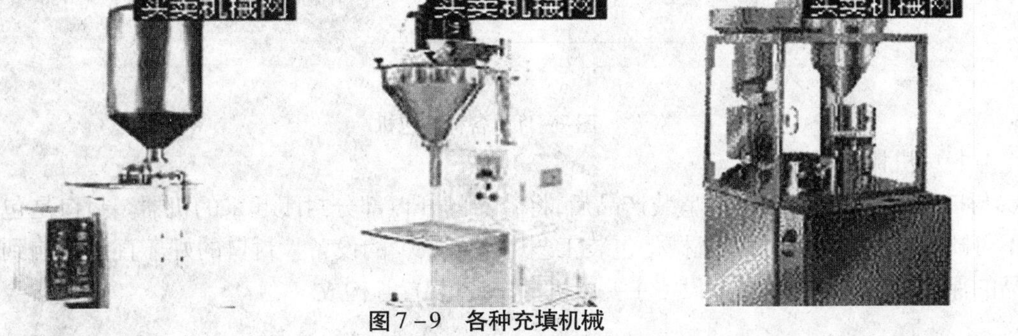

图7-9　各种充填机械

2. 灌装机械

灌装机械是将定量的液体物料充填到包装容器内的机器。灌装机械既能使物候学定黏度较低的物料（如酒类、油类、饮料、药水等）依靠自重以一定速度流入包装容器，也可以使某些黏稠物料（如牙膏、酱类、药膏类等）依靠一定的压力以一定的速度流入包装容器。灌装机械按灌装阀的灌装原理分类可分为等压灌装机、负压灌装机、压力灌装机、常压灌装机、背压式灌装机；按灌装阀的排列方式可分为直线式灌装机、回转式灌装机；按包装容器分类可分为玻璃瓶灌装机、聚酯瓶灌装机、金属二片易拉罐灌装机、金属三片易拉罐灌装机、复合纸包装灌装机。常见的灌装机有膏灌装机、液体灌装机和颗粒灌装机。

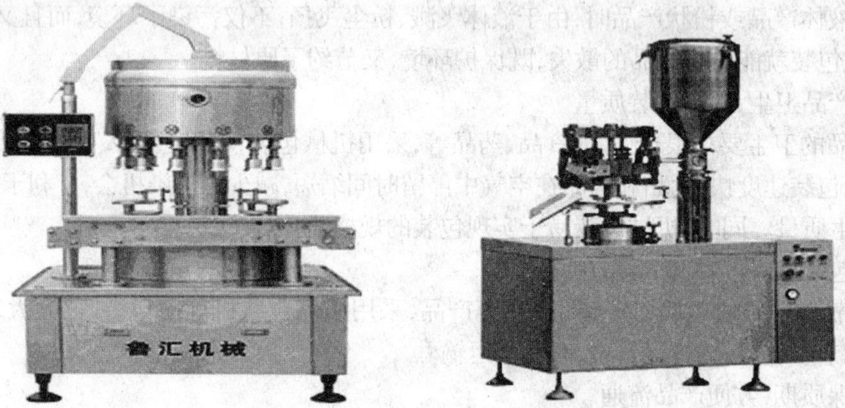

图 7－10　各种灌装机械

3. 裹包机械

裹包机械是用挠性材料全部和局部裹包产品的机械，它适合于块状和具有一定刚性的物品的包装。同时，该设备对于某些粉状和散颗粒状物品经过浅盘、盒等预包装后，也可进行包装。按包装成品的形态，裹包机械可分为全裹包机和半裹包机；按裹包方式，裹包机械可分为折叠式裹包机、拉伸式裹包机、贴体式裹包机、覆盖式裹包机、收缩式裹包机、接缝式裹包机等。

图 7－11　各种裹包机

4. 封口机械

封口机械是在包装容器内盛装产品后，将容器的开口部分封闭起来的机器。封口是包装工艺中不可缺少的工序，因而封口机械是包装工艺中不可缺少的设备。封口的好坏直接影响到被包装产品的保质期和美观性。封口设备主要由机身、封口装置等构成。

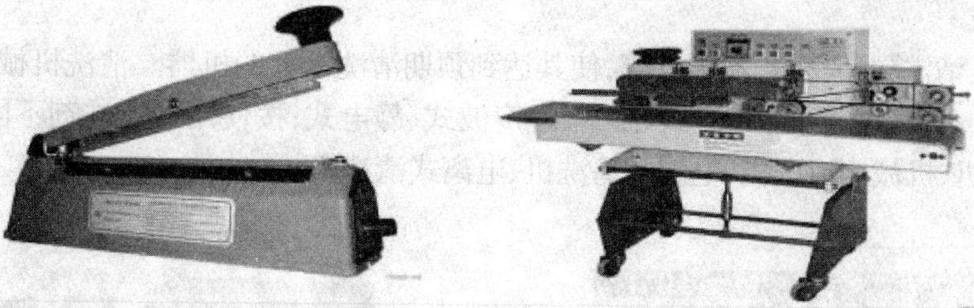

图 7－12　各种封口机械

5. 捆扎机器

捆扎机器是采用柔软的线材对包装件进行自动捆扎的机器，属于外包装的设备，主要用于食品、化工、各种零件部件合整机的包装。按自动化程度不同，捆扎机器可分为全自动捆扎机、半自动捆扎机、手动捆扎机；按接头接合形式不同，捆扎机械可分为热熔搭接式、高频震荡式、超声波式、热针式、打结式和摩擦焊接式捆扎机；按接合位置不同，捆扎机械可分为底封式、侧封式、顶封式、轨道开闭式和水平轨道式捆扎机；按捆扎效果不同，捆扎机械可分为带状捆扎机和线状捆扎机。

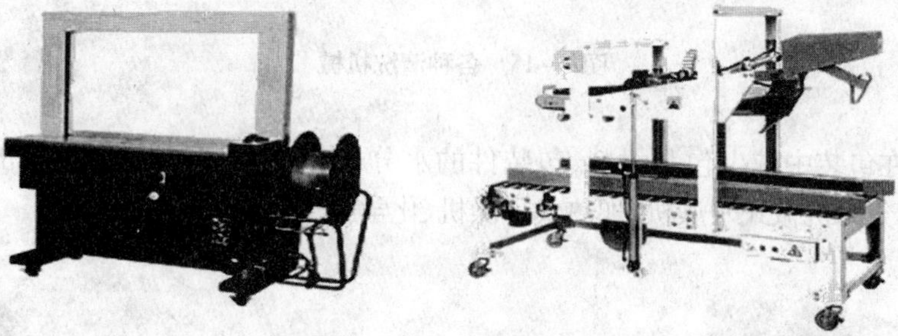

图 7－13　各种捆扎机械

6. 贴标机械

贴标机械是将事先印制好的标签粘贴到包装容器特定部位的机器，其工艺过程包括取标签、送标签、涂胶、贴标签、整平等。贴标签基本上由供标装置、取标装置、打印装置、涂胶装置及连锁装置几部分构成。贴标机械按自动化程度可分为半自动贴标机和全自动贴标机；按容器的运行方向可分为立式贴标机和卧式贴标机；按贴标部件的特征可分为压标式贴标机、滚压式贴标机、龙门式贴标机、真空转鼓式贴标机、多标包转鼓式贴标机等。

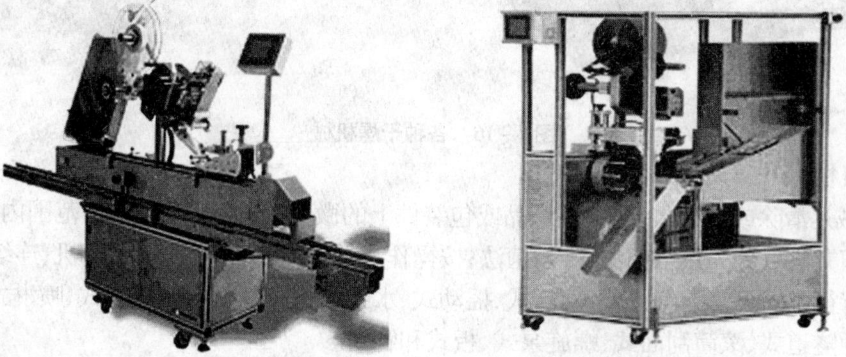

图 7－14　各种贴标机械

7. 清洗机械

清洗机械是清洗包装材料、包装件等,使其达到预期清洗标准的机器。清洗机械按清洗方式不同可分为机械式、电解式、化学式、干式、湿式、超声波式、静电式;按使用的清洗剂不同,分为干式清洗机、湿式清洗机、机械式清洗机、电解式清洗机、电离式清洗机。

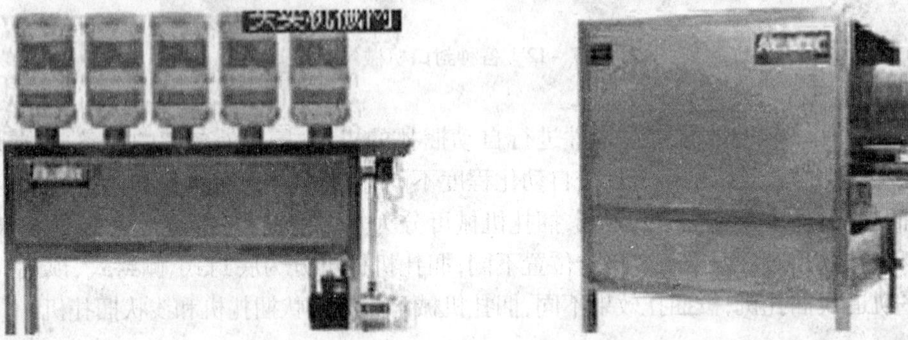

图7－15　各种清洗机械

8. 干燥机械

干燥机械是在包装中减少包装材料、包装件的水分,使其达到预期干燥程度的机器。干燥机械,按干燥方式可分为机械式干燥机、加热式干燥机、化学式干燥机。

图7－16　各种干燥机械

9. 杀菌机械

杀菌机械是清除或杀死包装材料、产品或包装件上的微生物,使其降到允许范围内的机器。杀菌机械按杀菌方法可分为热杀菌法、冷杀菌法;按操作性质不同分为间歇式杀菌机、连续式杀菌机;按操作原理特征不同可分为静止式、回转式、摇动式、水封式、静水压式、热流层式、喷淋式;按结构特征不同可分为隧道式、滚筒刮面式、螺旋泵式、板式和管式。

图 7－17　各种杀菌机械

10. 真空包装机

真空包装机是将产品装入包装容器后，抽去容器内部的空气，以达到预期的真空度的机器。充气包装机是将产品装入包装容器后，再将氧气、二氧化碳等气体置换到容器内，并完成封口的机器。绝大多数真空包装机都具有充气的功能，通常把具有真空和充气两种包装功能的机械统称为真空包装机。真空包装机广泛应用于食品、金属制品、化工原料、精密仪器仪表、纺织品等的包装，固体、散粒体、半流体或液体均适用。真空包装机按结构可分为室式真空包装机、输送带式真空包装机、热成型真空包装机、插管式真空包装机和旋转式真空包装机。

图 7－19　各种真空包装机

11. 泡罩包装机

泡罩包装机是将透明塑料薄膜或薄片制成泡罩，用热压封合、粘合等方法将产品封合在泡罩与底板之间的机器，它广泛应用于轻工、医药和化工行业，尤其是药品包装作业。泡罩包装具有直观性好、容易辨认商品品质、密封性好、防潮防变质等优点。根据包装方法不同，泡罩包装机可分为辊筒式泡罩包装机、辊板式泡罩包装机和平板式泡罩包装机三种。

图 7－20　各种泡罩包装机

二、包装自动生产线

(一)包装自动生产线的概念

包装自动生产线也称自动包装线,是按包装的工艺过程,将自动包装机和有关辅助设备用输运装置连接起来,再配以必要的自动检测、控制、调整补偿装置及自动供送料装置,成为具有独立控制能力,同时能使被包装物品与包装材料、包装辅助材料、包装容器等按预定的包装要求和工艺顺序,完成商品包装全过程的工作系统。使用包装自动生产线,可以改善劳动条件,提高劳动生产率,合理利用资源,降低包装成本,提高包装质量。包装自动生产线适用于品种少、批量大的产品包装。

图 7－21　包装自动生产线

(二)包装自动生产线的特点

包装自动生产线具有以下特点:

1. 包装自动化。包装自动化的内容包括自动检测和自动控制,自动检测是对包装物或包装容器、包装产品和包装过程的自动检测控制,是对包装工艺过程、工艺参数、物料流动、产品质量、运行故障、安全防范等的自动控制。包装自动化程度是衡量包装机械技术水平的要标志。

2. 设备成套性强。包装自动生产线多为连续作业的单联动线机组,成套性强,它通常是把具有不同功能的单机或机组与辅助设备配套成为连续作业线,或设计制造具有多功能的作业线,将现代生产中制包装容器、清洗灭菌、充填、称重、封口、计量、码堆、贴标、打印、检测和传递输送等功能综合起来,组成成套作业线。

3. 包装设备通用性较强。包装设备的通用化、系列化,包装线及装备构成的模块化,更有利于实现包装自动化。通过包装生产线的通用化,可提高包装生产线的利用价值。包装工业发达国家,包装机械的通用化程度已达 70% ~90% 。

4. 技术含量高。微电子技术、传感技术和计算机技术的应用,形成高新技术与传统技术复合,提高了包装自动生产线的工作质量、精度、速度和可靠性,促进了包装生产向高度自动化、智能化的发展。例如,计算机控制技术应用于实现物品定量包装的精确计量,高速充填和包装过程自动控制,可编程控制器应用于灌装机,机电仪器综合技术运用于包装生产线的堆码系统等。

5. 管理控制一体化。随着包装自动生产线的发展,它对管理控制一体化的要求越来越高。

(三)包装自动生产线的组成

种类繁多的包装自动生产线,总体上可分为控制系统、自动包装机、输送装置和辅助工艺装置四个组成部分。

1. 控制系统。主要由工作循环控制装置、讯号处理装置及检测装置组成。控制系统在包装自动生产线中起到类似人类大脑的作用,将生产线中所有设备连结成一个有机的整体。

2. 自动包装机。是一种无需操作人员直接参与,主要由操作系统控制,在规定的时间内各机构自动实现协调动作,并完成包装作业的机器。是包装自动生产线上的主体和最基本的工艺设备。有自动灌装机、充填机、装盒(箱)机、捆扎机、封口机、贴标机等。

3. 输送装置。是将各台完成部分包装的自动包装机连接起来,使之成为一条自动线的重要装置,担负着包装工序间的传送任务,并且使包装材料(或包装容器)和被包装物品进入自动生产线,以及成品离开自动生产线。常用的输送装置可分为重力式或动力式两类。重力式输送装置是利用物品的重力并克服输送过程中的摩擦力,从而实现输送的装置。它不需要任何的驱动源,结构简单,但只能实现由高处向低处的输送,输送时间也难于实现精确化。动力式输送装置是利用动力源(如电动机)的驱动作用使物品得以输送的装置,是包装自动生产线中最常用的输送装置。输送方向不受限制,速度稳定可靠。

4. 辅助工艺装置。是为满足包装自动生产线工艺上的要求,使它能有节奏、协调地工作而配置的一些辅助工艺装置,如转向装置、分流装置、合流装置等。转向装置是为了满足包装需要.用于改变被包装物体输送状态或改变被包装物品的输送方向的装置。分流装置是为了平衡生产节拍,提高生产率,在前台包装机完成其包装作业后,将被分流给其他包装机来完成后续工序的装置。合流装置是为了达到合流作用,用于连接前道工序多台包装机与后道工序一台包装机的装置。

三、物流包装设备的管理

(一)物流包装设备的合理使用

设备的合理使用是设备管理中的一个重要环节。正确地、合理地使用设备,可以在节省费用的条件下,充分发挥设备的工作效率,减少设备故障率,延长设备的使用寿命。

1. 根据包装企业的实际情况,合理配备各种类型的设备。

包装企业生产的各种设备都具有一定的结构特性和工艺特性。因此,要充分考虑这些特性,结合包装企业各车间不同的生产组织形式,合理地、经济地配备好各种类型的设备。并且要随着生产的发展、工艺技术的变化,及时地调整设备之间的比例关系,使之适应生产的需要。

2. 根据各种设备的具体情况,恰当地安排加工任务和设备的工作负荷。

不同的设备,其性能、结构、使用范围、工作条件和动力及其他技术条件是不相同的。为了使各种设备各尽其能,既严禁设备超负荷运转,又使设备负荷饱满,充分发挥应有的效益。

3. 要配备有一定熟练程度的操作者来使用设备。

要发挥设备的性能,使它在最佳状态下运转,就要求所配备的操作者必须熟悉并掌握设备的性能、结构、工艺、加工范围和维护保养技术，并且具备三好（管好、用好、修好设备）和四会（会使用、会保养、会检查、会排除一般故障）的基本功。要按规定实行“三定”，即定使用人、定维修人、定使用维护规程；要建立“专责制”和交接班制度，经常保持设备完好。

4. 建立和健全设备使用的责任制及其他规章制度，是管好用好设备的重要保证。

从企业的各级领导、设备管理部门、生产管理部门，直到每个操作工人，都要对设备的合理使用负有相应的责任，建立一整套切实可行的岗位责任制和设备管理的规章制度，辅以奖惩办法，严格执行。

包装企业在设备合理使用和管理方面的有关规章制度主要有：

①设备管理责任制度；

②设备维护保养制度；

③设备计划检修管理制度；

④设备技术档案管理制度；

⑤设备润滑管理制度；

⑥设备防腐蚀管理制度；

⑦设备检查评级管理制度；

⑧设备事故管理制度；

⑨仪器仪表及工具配件管理制度；

⑩设备更新与技术改造管理制度等。企业应根据自己的生产特点和实际需要，建立健全有关规章制度。

5. 为设备提供良好的工作环境和条件。

设备必须有一个适宜的工作场地，要求整洁、宽敞、明亮；配备必要的保护、安全装置，有些设备还要求有降温、保暖、防潮、通风等装置；配备必要的测量、控制和保险用的仪表仪器等装置，对某些高、精、类的机器设备，必须配备特殊的工作环境，或建立单独的工作室，配备包括温度、湿度、防尘、防震、防腐蚀等方面的特殊装置。

6. 重视对设备管理和操作人员的思想教育和培训，提高操作工人的高度责任心。

要经常教育操作工人自觉爱护机器设备，树立维护保养好的模范人物，批评教育那些违章操作者和不爱护机器设备的人。

（二）物流包装设备的维护保养

设备的维护保养是设备在被使用过程中自身运动的客观要求。设备在使用过程中，由于设备的运动、磨损、内部应力等物理、化学变化，会使技术状况不断变化，不可避免地会出现一些不正常的现象。如干摩擦、零件松动、声响异常等。这是设备的隐患，如果不及时处理，就会造成设备的过早磨损，甚至酿成严重的事故。

因此，只有根据设备故障发生规律，做好设备的维护保养工作，及时地处理技术状态发展变化而引起的大量、常见的问题，随时改善设备的使用状况，才能保证设备的正常运转，防患于未然，延长使用寿命。

设备的维护保养，一般来说，就是要严格地按照操作规程精心使用设备，经常细心观察设备的使用和运转情况，经常擦洗灰尘和油垢，按照规定注油润滑，及时地调整和消除设备的小缺陷、小毛病，紧固松脱的部位等。设备的维护保养工作可归纳为“整齐、清洁、润滑、紧固、调整、防腐、安全”。

设备的维护保养工作一般可分为两种。

1. 日常维护保养

就是操作工人每天对设备进行维护保养工作。其主要内容包括:班前班后检查、擦拭设备各个部位和注油,使设备经常保持清洁和润滑,班中认真观察、听诊设备运转情况,及时排除故障,认真作好交接班记录等。

2. 定期保养

就是在专业维修工人指导下,由操作工人按一定的间隔时间所承担的保养工作。其主要内容包括:根据设备的使用情况,对零部件进行拆卸,清洗;对设备的某些配合间隙进行调整;消除设备表面的油污,畅通润滑油路;清扫电器箱、电动机,使防护装置安全可靠;紧固设备各个部分等。设备维护保养的类别和内容要针对不同设备的特点,科学地加以规定。

在设备的维护保养工作中,要特别注意做好润滑和防腐工作。设备运行中,任何可动部分的零部件其相互接触的表面都存在着摩擦现象,因而造成零部件的磨损。据统计,大多数坏损零件是由磨损报废引起的。润滑、防腐工作做好了,就可以减轻设备零部件的磨损,保护其金属面不锈蚀、不损伤。润滑、防腐是使设备安全运转、经常处于良好状态的一项基础工作,设备润滑、防腐管理要做到"五定"(定点、定质、定量、定时、定人)和"三级过滤"(向油桶、油壶、加油点注油都要过滤)。要切实做好润滑油品的定额、储存、保管、检验、发放、使用、废油回收和润滑用具管理等工作。

(三)包装企业设备的检修

1. 设备的检查

设备的检查,就是对机器设备的运行情况、技术状况、工作精度、磨损及老化程度等进行检查和校验。检查是设备维护和管理中的一个重要环节。通过检查,可以全面掌握设备技术状况的变化和磨损情况,及时地发现和消除设备的缺陷和隐患;针对发现的问题,提出改进设备维护保养工作的措施,有目的有针对性地做好设备修理前的各项工作,以提高设备的修理质量,缩短修理时间,提高设备完好率,保证设备的长周期安全运转。

(1)设备检查的分类和内容

按时间间隔可划分为日常检查和定期检查。

①日常检查

就是每日检查和交接班检查,由设备操作人员结合日常维护保养,及时发现异常的技术状况,进行必要的维护保养和检修工作,预防设备发生突然事故。

②定期检查

就是按照计划日程表,在设备操作人员参加下,由专职维修人员定期执行,以便全面准确地掌握设备的技术状况,零件磨损、老化的实际情况,确定是否有进行修理的必要。日常检查是对定期检查的补充。我国许多包装企业是在年终或分季度,对车间的主要设备进行一次较普遍的检查,以摸清设备技术状况的实际情况,为编制下阶段的修理计划和进行修理工作提供依据。

(2)设备检查的方法和要求

①设备检查的方法

设备检查的方法可以分为两大类:一类是以简单的目视、耳听、手摸、鼻嗅等直觉方法或用简单的手动工具进行检查,凭直感或经验判断设备的技术状况;另一类是使用专业化的检测设备,它是运用科学的仪器仪表和科学的方法进行检测,全面准确地掌握设备的磨损、老化、劣化、伤损、腐蚀的部位和程度等情况。在此基础上进行早期预报和追踪,把设备的定期维修改变为有针对性的、比较经济的预防维修。这样做,一方面可以减少由于不清楚设备磨损情况而盲目拆卸给设备带来的损伤;另一方面,也可以减少因突然事故造成的设备停产,挽回因此而导致的经济损失。

②设备检查的要求

首先,设备检查人员要有高度的责任心,认真负责地搞好设备的检查工作;其次,检查工作必须按时间、按计划地进行;再者,检查的时候,要按照规定的检查项目和检查方法,全面逐项进行检查;最后,要把定期检查同日常检查结合起来,尽早预知事故。

(3)设备检测工作的开展程序

一般包装企业进行设备检测之前,要按照以下程序开展工作。

①确定全厂重要设备清单。如生产线上的重点设备、发生故障后损失大的设备等。可以先对其中的几台设备进行监测,取得诊断经验后再进一步扩大诊断对象的范围。

②摸清每台设备的状况。包括设备的结构、性能、工作能力、工作条件、工作状态(过去和现在的)等。

③选择诊断对象的监测点。以测振为例,要确定测振点上的测定参数,建立基准值,包括正常频谱图等。

④确定监测周期。长短要适宜,以日、周或月计。

⑤确定所需的仪器。如测振仪、频谱仪等。

⑥建立记录、报告系统。包括人工系统及电脑系统。

⑦人员培训。培训内容包括:设备结构、设备维护与保养、设备故障分析、监测手段的使用、信号修理技术等。

2. 设备的修理

设备的修理,是修复由于各种原因所引起的设备的损坏,通过修理和更换已经磨损、腐蚀的零部件,使设备的效能得到恢复,延长设备的寿命,防止设备"未老先衰",过早地失去它应有的工作精度和效率。

设备修理的种类设备的修理,按其对设备性能恢复的程度和修理范围的大小、修理间隔期的长短和修理费用的多少等可以分为大修理、中修理和小修理三类。

①大修理是对设备进行全面的修理,是工作量最大的一种修理,需要把设备全部拆卸,更换和修复全部磨损零件,校正和调整整体设备,恢复设备原有的精度、性能和生产效率。设备的大修理一般不改变设备的结构、性能和用途,不扩大设备的生产能力。大修理的特点是:修理次数较少,修理间隔期较长(一般在一年以上),工作量较大,修理时间较长,修理费用较多。

②中修理是要更换或修复设备的主要零件和数量较多的其他磨损零件,检查调整机械系统,紧固所有的机件,校正设备基准,以恢复和达到规定的标准和技术要求,并保证使用到下一次修理。中修理的特点是:发生的次数较多,修理间隔期较短,工作量不很大,每次修理时间短,支付费用少。

③小修理是指日常的、零星的修理,是工作量最小的局部修理。

第三节　物流包装成本的管理

一、物流包装成本管理

物流包装成本管理对物流包装过程中所有费用的发生及包装成本的预测、计划、控制、核算、分析和考核等一系列的科学管理工作。

二、物流包装成本的构成

物流包装成本主要由物流包装材料费用、物流包装机械费用、物流包装技术费用、物流包装辅助费用、物流包装人工费用等构成。

(一)包装材料费用

包装材料费用指物品包装时花费在材料上的费用。常见的包装材料有:木材、纸、金属、塑料、玻璃、陶瓷等,不同的包装材料功能不同,成本相差也很大,所以企业的包装作业在选用不同的包装材料时其所消耗的包装费用也是有较大差别的。

(二)包装机械费用

包装机械费用指物品包装所使用的包装机械的折旧费摊销。包装机械的使用,不仅可以极大地提高包装的劳动生产率,而且可大幅度地提高包装水平。但这也需要一定的资金投入,因此就构成了包装的机械费用,它是以折旧为主的费用摊销形式,将费用转移到包装成本中。

(三)包装技术费用

包装技术费用是指对一定的包装技术的设计、实施所支出的费用。为避免物品流通过程中受到外界的不良影响,包装时需要采用一定的技术措施,如:实施缓冲包装、防潮包装、防雾包装、保鲜包装等,这些技术的设计、实施都需要一定的费用支出,这就构成了包装费用。

(四)包装辅助费用

包装辅助费用是指对包装的一些辅助物品费用的支出。对商品进行包装时,需要采用一些辅助物品,如:包装标记、包装的拴挂物、装卸注意事项的标记符号等,这些辅助物品所造成的费用支出,也是包装费用的组成部分之一。

(五)包装人工费用

包装人工费用指对从事包装工作的人员和其他相关人员的工资、资金、补贴、加班费等的费用总和。

理论上讲,包装总成本还应该包括回收费用、顾客退购和因产品不适而重新包装的费用。

三、降低物流包装成本的途径

对于绝大多数商品,只有经过包装才能进入流通,据某项统计,包装费用约占流通费用的10%,甚至有些商品(尤其是生活费用)的包装费用高达50%。因此,降低物流包装费用有着重要的现实意义,主要途径有以下几种:

(一)防止包装过剩,删除不必要包装

防止包装物强度设计过高,如包装材料截面过大,包装方式大大超过强度要求等;包装材料选择不当,选择过高,如可以用纸板却不用而采用镀锌、镀锡材料等;包装技术过高,包装层次过多,包装体积过大;包装成本过高,一方面可能使包装成本支出大大超过减少损失可能获得的效益,另一方面,包装成本在商品成本中比重过高,损害了消费者利益。据日本的调查,目前发达国家包装过剩问题严重,约在20%以上。

(二)防止包装不足,弥补不足包装

包装强度不足,使包装防护性不足,造成被包装物的损失:包装材料水平不足,由于包装材料选

择不当，材料不能很好承担运输防护及促销作用；包装容器的层次及容积不足，由于缺少必要层次与不足所需体积造成损失；包装成本过低，不能保证有效的包装。如全国水泥破袋率为12%～20%，全国平板玻璃破损率为18%～20%。据1988年全国包装大检查统计分析表明：由于包装不足引起的损失，一年达到100亿元以上。

（三）新包装材料和包装器具的开发

利用各种复合技术、包装容器技术大量开发新包装材料和容器，达到包装物的高功能化，用较少的材料实现多种包装功能。

（四）包装机械化

包装的机械化除可提高劳动生产率，从而降低包装费用外，还可通过采用机械，减少包装作业所需的员工总数，实现省力化，大大地缩减包装人员的劳动工资费用。

（五）包装的标准化

实现包装规格的标准化，不仅能促进包装工业生产规模化的发展，而且通过规模化生产能使得包装材料的单元消耗下降，使得包装成本得到大幅度的下降。

（六）包装单位的大型化和集装化

包装的大型化和集装化有利于装卸搬运、保管、运输等过程的机械化，有利于减少单位包装，节约包装材料和包装费用，有利于保护货物。如采用集装箱、集装袋、托盘等集装方式。

例如，西奥电梯公司1998年杭州地区电梯销售量为300多台，每台电梯平均至少要用12只箱子，平均每只箱子的价格为504.164元；采用托盘及复合材料塑封捆扎包装后平均每件包装件的包装费用约为280元左右，且托盘在杭州地区范围内可随运输车拉回复用。因此，每件包装件可节省约：504.164－280＝224.164元，全年杭州市地区按销售300台电梯计算一年可节省包装费用为：224.164×12×300＝806990.4元。

（七）采用通用、周转包装

采用通用包装，不用专门安排回收使用，无论在何处，都可转用于其他包装。如按标准模数尺寸制造的瓦楞纸、纸板及木制、塑料制等通用外包装箱。采用周转包装，可多次反复周转使用。如有一定数量规模并有较固定供应流转渠道的产品（饮料、啤酒瓶等）。

例如，西奥电梯公司1998年杭州市地区电梯销售量为300多台。每台电梯包装费用按7000元计算，共需包装费210万元。采用集装箱发货，经测算300台电梯约需80只周转用集装箱，自制每只集装箱成本约8000元，一次性投入制作费用为8000×80＝640000元，扣除运费、装卸费等，经测算当年即可节省包装费用120万元以上，正常情况下周转箱的使用寿命在三年以上，以后二年内每年至少可节约包装费用180万元。2000年西奥在杭州地区实行周转箱运作，获得了很好的经济效益。

（八）包装梯级利用及再生利用

使用过一次的包装物可转做它用或经简单处理后转做它用。如瓦楞纸箱部分损坏后，切成较小的纸板再制小箱，或将纸板用于垫衬。有的包装物在设计时，设计成多用途的，在一次使用完毕之后，可再使用其他功能。

第四节　物流包装的质量管理

在经济全球化步伐和市场竞争日益激烈的今天,产品质量已成为企业参与市场竞争的焦点,产品质量是衡量企业管理水平的重要尺度,也是企业保持持久竞争力的关键。而物流包装的质量直接关系到产品质量、产品流通的安全,关系到包装产品的价值和使用价值。因此,包装企业要积极推进质量管理,建立质量保证体系,不断提高质量管理水平,为市场提供更多的品质优良的包装产品。

一、物流包装质量管理的概述

(一)包装质量的概念

包装产品的质量是指包装产品适合一定的用途,能满足产品流通、销售和消费的需要及其满足程度的属性。包装产品质量包括内在质量特征(产品的结构、性能、精度和纯度、物理性能、化学成分等)及外在质量特征(产品外观、形状、色泽、手感、气味、光洁度等)。

(二)物流包装质量管理

物流包装质量管理是对物流包装的产品质量即产品性能、耐用性、可靠性、安全性和经济性等方面进行计划、组织、控制、创新等一系列的管理工作。

二、包装产品质量管理发展趋势

随着科学技术的不断进步,人们对包装产品的质量要求越来越高。新管理模式和新生产方式不断出现,现代质量管理技术大致上有以下几种发展趋势,包装企业应积极应对,适时调整,采用新的对策搞好产品质量管理。

(一)用户的需求多样化,包装产品的生产模式中多品种小批量将逐渐增多

21世纪的市场是动态多变的,顾客的需求是多种多样的,随之而来的是少品种、大批量生产将会让位于顾客订货的多品种、小批量生产,包装产品的用户需求也将随之发生改变。那些针对少品种、大批量生产的质量管理方法已经不再适用了,包装企业需要大力研究并推广应用并行的、实时的、面向中小批量质量控制理论和技术。通过完善产品设计加强产品质量管理。

根据现代质量管理理论,产品质量首先是设计出来的,其次才是制造出来的,质量检验只能剔除废品,并不能提高产品质量。因此要重视产品设计阶段的质量控制,并将提高设计质量放在质量管理和质量控制工作的首要位置。

为了提高产品的设计质量,除对设计结果进行评审外,还应在设计过程中采用各种现代设计技术,如可信性设计、稳健设计、质量功能配置、动态设计、有限元分析、仿真技术等,保证包装产品设计的科学性和合理性,从而满足产品的质量要求。

(二)企业全面质量管理的日益深化

全面质量管理强调将质量控制向管理领域扩展,要管理好质量形成的全过程,实现整体性的质量管理,质量管理从局部性管理向全面性、系统型管理发展是生产、技术以及市场发展的必然结果。

在质量控制过程中,包装企业应特别注意提高管理水平,树立起全员质量观念,这是提高质量的根本。最新研究表明,虽然大部分的检验和质量控制活动都是在生产部门进行的,在所发现的产

品质量问题中，有60% ~70%是直接或间接的由于设计、制造和原材料采购等方面的缺陷造成的。以纸箱生产为例，平整完好的瓦楞纸板有利于纸箱的顺利生产，是生产高质量纸箱的前提条件，而纸板质量和配纸合理与否是影响瓦楞纸板平整性的一个重要方面；造纸生产过程中的原料状况、生产工艺、生产设备及其操作水平又是决定纸板质量的关键因素。因此对产品质量的控制，不仅只是质量检验部门的工作，还应包括采购、设计、工艺、生产、包装和运输等所有部门的参与。

（三）现代化的信息技术手段逐渐成为产品质量管理的关键

进入21世纪后，世界正经历着一场以信息技术为主导的高技术、高智能的产业革命。计算机成为这场革命的代表，它使智力物质化，使知识和智能迅速转变为生产力。目前，计算机在企业管理中的应用已显示出巨大威力。商品包装造型设计、结构设计、装潢设计等已实现计算机化。将计算机技术引入质量管理和控制中，对提高产品和服务质量同样会产生巨大作用。目前，计算机在质量管理和控制中的应用还不是很多，主要集中在通过信息网络发布和获取各种市场质量信息、工序质量自动控制、质量成本控制、产品质量检验过程中的数据采集、统计分析等环节，但是已显示出强大的生产力，这将是质量管理的一个重要发展方向。

（四）质量成本成为影响产品质量管理水平的关键

从事质量管理和质量控制活动必然会发生相应的费用，带来相应的成本。从质量管理的发展过程来看，包装企业质量管理大致经过质量检验、统计质量控制和全面质量管理等阶段，现已进入计算机辅助质量管理阶段。从中可以看出，包装企业在质量管理中运用的技术和方法是不断发展和完善的，企业在质量管理上的投入也是不断加大的。但增加投入会不会造成质量过剩等问题已引起企业的日益关注。为了能够解决质量管理中遇到的问题，包装企业应大力推行质量成本管理，使企业在进行质量管理时平衡质量投入和质量效果的关系，选择恰当的质量管理方法，以较小的质量管理投入生产出符合用户质量要求的产品。

※习题

一、名词解释

1. 包装容器
2. 包装设备
3. 包装成本管理
4. 包装质量
5. 包装件的堆码试验

二、填空题

1. 包装箱整体强度较高，抗变形能力强，包装量也较大，适宜做______，包装范围较广，主要用于固定货架包装。

2. 根据国际标准化组织制定的包装机械国际标准（ISO/TCl22/SC4N48E）和我国制定的包装机械国家标准（GB/T412283，GB/T5035 －85），包装设备即包装机械，是指______包装过程的一类机械设备。

3. 理论上讲，包装总成本还应该包括______和因产品不适而重新包装的费用。

4. 全面质量管理强调将质量控制向管理领域扩展，要管理好质量形成的全过程，______，质量管理从局部性管理向全面性、系统型管理发展是生产、技术以及市场发展的必然结果。

5. 跌落试验是用来检查和评定运输包装件在搬运和装卸过程中受到______时的冲击强度，及包装对内装物的保护能力。

三、单项选择题

1. 集装袋。是一种大容积的运输包装袋，盛装重量在______以上。一般采用聚丙烯、聚乙烯等聚酯纤维纺织而成，顶部一般装有金属吊架或吊环等，以便于铲车或起重机的吊装、搬运。

A. 1 000kg　B. 2 000kg　C. 3 000kg　D. 4 000kg

2. 真空包装机是将产品装入包装容器后，抽去容器内部的______，以达到预期的真空度的机器。

A. 氧气　B. 氢气　C. 杂质　D. 空气

3. 包装人工费用指对从事包装工作的人员和其他相关人员的工资、奖金、补贴和______等的费用总和。

A. 医疗营养费　B. 学习培训费　C. 加班费　D. 机器磨损费

4. 物流包装质量管理是对物流包装的______即产品性能、耐用性、可靠性、安全性和经济性等方面进行计划、组织、控制、创新等一系列的管理工作。

A. 产品数量　B. 产品质量　C. 产品包装　D. 产品销售

5. 影响包装性能的机械力因素包括冲击、振动、压力、滚动、跌落、______等。这些机械力因素会造成包装件或内装物的零部件受力过大，发生位移，结构损坏，变形或断裂等。

A. 堆码　B. 质量　C. 重量　D. 体积

四、多项选择

1. 按包装容器的结构型式分类：有______和包装桶等。

A. 包装袋　B. 包装盒　C. 包装箱　D. 包装瓶　E. 包装罐

2. 包装自动生产线的特点______。

A. 包装自动化　B. 设备成套性强　C. 包装设备通用性较强　D. 管理控制一体化

E. 技术含量高

3. 物流包装成本主要由______等构成。

A. 物流包装材料费用　B. 物流包装机械费用　C. 物流包装技术费用

D. 物流包装辅助费用　E. 物流包装人工费用

4. 物流包装质量管理是对物流包装的产品质量即______等方面进行计划、组织、控制、创新等一系列的管理工作。

A. 产品性能　B. 耐用性　C. 可靠性　D. 安全性　E. 经济性

5. 影响包装性能的化学因素有______等大气中的废气和有害气体等。这些因素会使包装件或内装物产生化学、物理化学变化，从而腐蚀金属及其制品。

A. 硫化物　B. 氮化物　C. 氢化物　D. 氧化物　E. 卤化物和有机物

五、简答题

1. 集装箱有哪些特点？

2. 物流包装设备如何合理使用？

3. 降低物流包装成本的途径有那些？

4. 现代化的信息技术手段对产品质量管理有哪些影响？

5. 包装性能试验方法包括哪些方面？

六、论述题

1. 加强全面质量的重要意义。

2. 包装产品质量管理发展趋势。

[案例思考]

廊坊包装设备制造总公司的质量管理

廊坊包装设备制造总公司依靠科技进步，优化产品结构，努力开拓国际国内市场，由一个名不见经传的小厂发展成为国家机械工业局包装行业重点骨干企业，具有生产4个系列28个品种的液体灌装设备，形成年产159条灌装生产线的生产能力，成为装备我国饮料行业的重要力量。产品销售国内30多个省、市、自治区，并出口到东欧、东亚、东南亚、中东、北非等地区。企业取得这样发展速度和辉煌成绩，是与企业实施科学的管理密不可分的。

在企业管理中，该公司总经理宋锡森提出：精心设计、精心制造、精益管理、精诚服务的“四精”原则。

精心设计。为了提高技术人员的设计水平，宋锡森选派了部分技术人员出国参观和学习，使之开阔了眼界，设计意识和设计水平不断提高。1997年以来，随着企业技术引进和技术创新工作的深入开展，公司技术人员逐步具备了大型液体灌装生产线的开发能力，并且由于在设计中应用了CAD等现代化设计手段，建立了课题承包责任制的新产品开发机制，使新产品设计的速度和质量都有了很大提高。1998年公司开发完成了七项新产品并当年获得效益。1999年公司新产品安排八项，重点项目生啤酒无菌灌装生产线、葡萄酒灌装生产线等成为2000年企业经济效益增长点。

精心制造。为提高制造质量，加强质量管理和质量控制工作，建立了以质量为核心的经济责任制，加大了奖惩力度；严把外购件、外购原材料关，为保证产品质量实行货比三家、择优选用，许多关键件采取进口方式以确保产品质量；为了提高企业信誉和产品可靠性，整机出厂前必须进行连线试车，确保整机质量满足用户要求。通过提高设计水平和制造质量，产品的内外观质量都有了很大改观，产品的可靠性不断提高。

精益管理。在生产管理中，宋锡森总经理注重学习、借鉴中外成功企业的管理方式，与企业实际相结合，推行精益管理方式，实行准时生产、准时供货，根据市场订单安排生产，生产计划实行小批量化，随时调整，减少资金占压，降低财务成本。

精诚服务。要求营销人员确立售后服务是生产经营的延伸的观念，加强调试和售后服务工作，为用户提供操作、维修、设备保养等技术培训工作，真诚地对待客户，在服务中树立良好的企业形象，同时在调试中可以把问题反馈回厂，以利产品的改进和质量的提高。

十几年来，公司全体职工围绕“昌盛国家，发达企业，富裕职工”的办厂宗旨积极生产，努力工作，对国家，十年增加资产和贡献利税1.12亿元；对企业，通过不断的自我积累、自我改造、自我发展，由一个落后亏损的工厂发展成为一个加工设备先进、技术力量雄厚、职工队伍精干的现代化企业。正是由于经营思想中兼顾了国家、企业、职工三者利益，获得了广大职工的认同和支持，广大职工勤奋工作，为企业发展、为国家做出了突出贡献，同时也创造了自己的美好生活。

武钢设备修理的创新

武汉钢铁集团公司于2000年成立了设备故障诊断委员会，聘请武汉科技大学和北京科技大学的故障诊断专家为顾问，以设备维护和管理专业技术人员为主，建立了两级(公司级、厂级)设备故障诊断中心，改变了过去仅靠感官的故障诊断方法。购买各种诊断仪器254台（套），如：SCHENCK-SERIE40设备分析仪、DAMALINIVBl/VBl000振动数据采集器、EASY－BALANCER系列多通道现场动平衡仪等，分发至各主要生产岗位，对关键生产设备进行离、在线检测，检测的数据和故障资料由各厂级设备故障诊断中心通过计算机网络上报公司级设备故障诊断中心和设备故障诊断委员会，为设备管理部门提供决策信息。公司实行生产工人、维修工人、专业人员检查相结合的制度，修订了星级设备管理标准及操作细则，基本形成了适应设备管理深化和发展需要的标准操作版本。公司还制定了《公司计算机信息系统建设规定》，为加强计算机信息系统的设备管理资源共享提供了保证。2000年氧气公司3万立方米制氧机在线自动检测系统报告出现振动故障，经SCHENCKSE-RIE40设备分析仪器检测位转子不平衡，同时运用EASY－BALANCER系列多通道现场动平衡仪，仅两天即排除了故障，而这在过去则需要十余天。

在第五届全国设备管理优秀单位评比中，武钢第四次蝉联了全国设备管理先进单位称号，是推行预测性设备维护、实行技术创新、管理创新和制度创新的显著成果。

［案例讨论题］

1. 廊坊包装设备制造总公司质量管理的特点。

2. 从武钢经验中谈谈如何进行管理创新。

参考文献

1. 张宏旭主编:《商品包装与装潢》,中国商业出版社,1996
2. 陈黎敏主编:《食品包装技术与应用》,化学工业出版社,2002
3. 尹章伟主编:《包装材料、容器与选用》,化学工业出版社,2003
4. 尹章伟等编:《包装概论》,化学工业出版社,2003
5. 彭彦平、王晓敏主编:《物流包装与技术》,中国轻工业出版社,2004
6. 韩平、赵焱主编:《现代物流技术》,中国物资出版社,2002
7. 林学翰主编:《包装技术与方法》,湖南大学出版社,1987
8. 戴宏民主编:《新型绿色包装材料》,化学工业出版社,2005
9. 田源、周建勤编著:《物流运作实务》,清华大学出版社、北京交通大学出版社,2004